VARIEDADES DA EXPERIÊNCIA CIENTÍFICA

CARL SAGAN

Variedades da experiência científica

Uma visão pessoal da busca por Deus

Tradução
Fernanda Ravagnani

8ª reimpressão

Copyright © 2008 by Editora Schwarcz S.A.
Copyright © 2006 by Democritus Properties, LLC, com permissão de Democritus Properties, LLC.

Todos os direitos reservados, inclusive os direitos de produção total ou parcial em qualquer meio.

Título original
The varieties of scientific experience — A personal view of the search for God

Capa
Kiko Farkas/ Máquina Estúdio
Elisa Cardoso/ Máquina Estúdio

Preparação
Valéria Franco Jacintho

Índice remissivo
Luciano Marchiori

Revisão
Marise S. Leal
Valquíria Della Pozza

Dados Internacionais de Catalogação na Publicação (CIP)
(Câmara Brasileira do Livro, SP, Brasil)

Sagan, Carl, 1934-1996
Variedades da experiência científica : uma visão pessoal da busca por Deus / Carl Sagan ; tradução Fernanda Ravagnani — 1ª ed. — São Paulo : Companhia das Letras, 2008.

Título original: The varieties of scientific experience : a personal view of the search for God.
ISBN 978-85-359-1132-9

1. Religião e ciência 2. Sagan, Carl, 1934-1996 – Religião 3. Teologia natural I. Título.

07-9295	CDD-215

Índices para catálogo sistemático:
1. Ciência e religião   215
1. Religião e ciência   215

[2021]
Todos os direitos desta edição reservados à
EDITORA SCHWARCZ S.A.
Rua Bandeira Paulista, 702, cj. 32
04532-002 — São Paulo — SP
Telefone: (11) 3707-3500
www.companhiadasletras.com.br
www.blogdacompanhia.com.br
facebook.com/companhiadasletras
instagram.com/companhiadasletras
twitter.com/cialetras

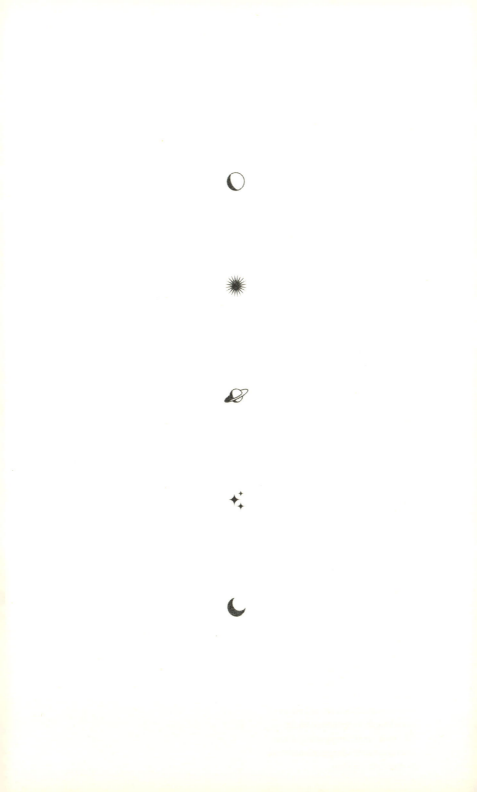

Sumário

Introdução da editora, 9

Introdução do autor, 17

1. Natureza e deslumbramento: um reconhecimento do céu, 21
2. Afastando-nos de Copérnico: um emburrecimento moderno, 53
3. O universo orgânico, 83
4. Inteligência extraterrestre, 123
5. Folclore extraterrestre: implicações na evolução da religião, 145
6. A hipótese da existência de Deus, 167
7. A experiência religiosa, 189
8. Crimes contra a criação, 209
9. A busca, 229

Perguntas e respostas escolhidas, 239
Agradecimentos, 277
Legendas das imagens, 281
Créditos das imagens, 291
Índice remissivo, 293

Introdução da editora

Carl Sagan era um cientista, mas tinha algumas qualidades que associo ao Antigo Testamento. Quando topava com uma muralha — a muralha do jargão que mistifica a ciência e isola seus tesouros do restante de nós, por exemplo, ou a muralha que cerca nossa alma e nos impede de abraçar de verdade as revelações da ciência —, quando topava com uma dessas velhas e infindáveis muralhas, ele usava, como um Josué moderno, todas as suas muitas variedades de força para derrubá-la.

Quando criança, no Brooklyn, tinha recitado em hebraico a reza V'Ahavta, do Deuteronômio, em cerimônias no templo: "E amarás o Senhor teu Deus com todo seu coração, toda sua alma, toda sua força". Ele a sabia de cor, e ela pode ter sido a inspiração quando ele perguntou pela primeira vez: O que é o amor sem a compreensão? E que *força* possuímos, como seres humanos, maior do que a nossa capacidade de questionar e aprender?

Quanto mais Carl aprendia sobre a natureza, sobre a vastidão do universo e as incríveis escalas de tempo da evolução cósmica, mais se enlevava.

Outro jeito de ele ser Antigo Testamento: não conseguia viver uma vida compartimentada, operando sob um conjunto de convicções no laboratório e guardando um conjunto conflitante para o sabá. Ele levava a idéia de Deus tão a sério que ela tinha de passar pelos padrões mais rigorosos de escrutínio.

Como era possível, ele questionava, que o Criador eterno e onisciente descrito na Bíblia pudesse afirmar com convicção tantos equívocos fundamentais sobre a Criação? Por que o Deus das Escrituras seria tão menos conhecedor da natureza do que nós, recém-chegados, que estamos só começando a estudar o universo? Ele não conseguia passar por cima da formulação bíblica de uma Terra plana, de 6 mil anos, e achava especialmente trágica a idéia de que tivéssemos sido criados de forma independente dos demais seres vivos. A descoberta de nosso parentesco com todas as formas de vida foi confirmada por incontáveis e convincentes linhas de evidências distintas. Para Carl, a sacada de Darwin de que a vida evoluiu ao longo das eras pela seleção natural não só era uma ciência melhor do que a do Gênese como proporcionava uma experiência *espiritual* mais profunda e satisfatória.

Ele acreditava que o pouco que sabemos sobre a natureza sugere que sabemos menos ainda sobre Deus. Tínhamos apenas captado um vislumbre da grandeza do cosmos e de suas leis prodigiosas, que guiam a evolução de trilhões, se não números infinitos, de mundos. Essa nova visão fez o Deus que criara o Mundo parecer terrivelmente local e datado, limitado pelos erros de percepção e de concepção cometidos pela humanidade no passado.

Ele não dizia isso da boca para fora. Estudou avidamente as religiões do mundo, tanto as viventes como as defuntas, com o mesmo apetite pelo aprendizado que o levava a seus objetos científicos de estudo. Ficou encantado com sua poesia e sua história. Quando debatia com líderes religiosos, freqüentemente os surpreendia com sua capacidade de citar, mais do que eles, os textos sagrados. Alguns desses debates levaram a amizades de vida inteira e a alianças pela proteção da vida. Ele nunca entendeu, no entanto, por que alguém desejaria separar a ciência, que é só um jeito de buscar a verdade, daquilo que consideramos sagrado, as verdades que inspiram o amor e o temor.

Sua discussão não era com Deus, mas com quem acreditava que nossa compreensão do sagrado estava completa. A convicção permanentemente revolucionária da ciência, de que a busca pela verdade não tem fim, era para ele a única abordagem humilde o suficiente para fazer jus ao universo que revelava. A metodologia da ciência, com seu mecanismo de correção de erros para nos manter honestos, apesar da tendência crônica para projetar, para nos equivocar, para iludir a nós e aos outros, era para ele o auge da disciplina espiritual. Quem busca um conhecimento sagrado, e não apenas um paliativo para seus medos, treina para ser um bom cético.

A idéia de que o método científico deva ser aplicado às dúvidas mais profundas é freqüentemente desqualificada como "cientismo". Essa acusação é feita por quem acha que as crenças religiosas deveriam estar isentas do escrutínio científico — que crenças (convicções sem evidências que possam ser postas à prova) são um meio de conhecimento que basta por si só. Carl entendia esse sentimento, mas insistia, junto com Bertrand Russell, que "o que se quer não é a vontade de acreditar, mas o desejo de descobrir, que é exatamente o contrário". E, em todas as coisas, até quando enfrentou seu próprio e cruel destino — sucumbiu à pneumonia em 20 de dezembro de 1996, depois de passar por três transplantes de medula óssea —, Carl não queria só acreditar. Queria saber.

Até cerca de quinhentos anos atrás, não existia essa muralha separando ciência e religião. Naquela época, as duas eram a mesma coisa. Foi só quando um grupo de religiosos que queriam "ler a mente de Deus" percebeu que a ciência seria o meio mais poderoso de fazer isso é que a muralha se tornou necessária. Esses homens —

entre eles Galileu, Kepler, Newton e, bem mais tarde, Darwin — começaram a articular e a internalizar o método científico. A ciência decolou rumo às estrelas, e a religião institucional, preferindo negar as novas revelações, não podia fazer outra coisa senão erguer uma muralha de proteção em torno de si.

A ciência nos levou aos portais do universo. E mesmo assim nossa concepção do que nos cerca ainda é a visão desproporcional de uma criança pequena. Estamos espiritual e culturalmente paralisados, incapazes de encarar a vastidão, de assumir nossa acentralidade e encontrar nosso lugar verdadeiro na essência da natureza. Castigamos este planeta como se tivéssemos algum outro lugar para onde ir. Não é suficiente, porém, apenas aceitar intelectualmente esses insights se nos agarramos a uma ideologia espiritual que não apenas não tem raízes na natureza como, de muitas maneiras, desdenha do que é natural. Carl acreditava que nossa maior esperança de preservar a essência prodigiosa da vida em nosso mundo era abraçar de verdade as revelações da ciência.

Foi o que ele fez. "Cada um de nós é, na perspectiva cósmica, precioso", escreveu ele em seu livro *Cosmos*. "Se um ser humano discordar de você, não se importe. Em 100 bilhões de galáxias você não encontrará outro." Ele fez anos de lobby na Nasa para que o *Voyager 2* olhasse para a Terra e, de Netuno, tirasse uma foto dela. Depois nos pediu que pensássemos naquela imagem e enxergássemos nosso lar como ele é — apenas um "pálido ponto azul" flutuando na imensidão do universo. Ele sonhou que derivaríamos a compreensão espiritual das nossas verdadeiras circunstâncias. Como um profeta do passado, queria nos tirar do nosso estupor para que tomássemos providências para proteger nosso lar.

Carl queria que nos víssemos não como o barro fracassado de um Criador frustrado, mas como *material estelar*, feito de átomos forjados nos corações em chamas de estrelas distantes. Para ele, éramos "*material estelar* refletindo sobre as estrelas; montagens organizadas de 10 bilhões de bilhões de bilhões de átomos pensando na evolução dos átomos; rastreando a longa jornada pela qual, pelo menos aqui, a consciência surgiu". Para ele a ciência era, em parte, uma espécie de "adoração informada". Nenhum passo na busca pelo esclarecimento deveria ser considerado sagrado, só a procura.

Esse imperativo foi uma das razões de ele se dispor a criar tantos problemas com seus colegas ao derrubar as muralhas que haviam excluído a maioria de nós dos insights e dos valores da ciência. Outra foi o seu medo de que fôssemos incapazes de manter o nível limitado de democracia que tínhamos conquistado. Nossa sociedade baseia-se na ciência e na alta tecnologia, mas só uma pequena minoria entre nós entende, e mesmo assim superficialmente, como elas funcionam. Como podemos esperar ser cidadãos responsáveis de uma sociedade democrática, tomadores de decisão informados quanto aos inevitáveis desafios representados por esses poderes recém-adquiridos?

Essa visão de um público crítico e pensante, despertado para a ciência como modo de pensar, impelia-o a falar em muitos lugares onde não se costumam encontrar cientistas: jardins-de-infância, cerimônias de naturalização, uma faculdade só de negros no Sul segregado de 1962, manifestações de desobediência civil sem violência, o programa *Tonight*. E ele fazia isso mantendo ao mesmo tempo uma carreira científica pioneira, incrivelmente produtiva e de uma interdisciplinaridade destemida.

Carl ficou especialmente animado ao ser convidado para dar as Palestras Gifford de Teologia Natural, em 1985, na Universidade de Glasgow. Estaria seguindo os passos de alguns dos maiores cientistas e filósofos dos últimos cem anos — incluindo James Frazer, Arthur Eddington, Werner Heisenberg, Niels Bohr, Alfred North Whitehead, Albert Schweitzer e Hannah Arendt.

Carl via nessas palestras uma chance de explicar em detalhes o que entendia da relação entre religião e ciência e um pouco de sua própria busca para compreender a natureza do sagrado. Nelas, trata de vários temas sobre os quais havia escrito em outras oportunidades; no entanto, o que segue aqui é a declaração definitiva daquilo que, como ele fez questão de ressaltar, eram apenas suas opiniões pessoais sobre esse assunto de fascínio sem fim.

No começo de cada Palestra Gifford, um membro destacado da comunidade universitária apresentava Carl e assombrava-se com a necessidade de mais salas ainda para acomodar o enorme público. Tive o cuidado de não mudar o sentido de nada do que Carl disse, mas tomei a liberdade de editar essas polidas declarações introdutórias, assim como as centenas ou mais de anotações nas transcrições de áudio que simplesmente diziam "[Risos]".

Peço ao leitor que tenha sempre em mente que qualquer deficiência deste livro é de minha responsabilidade, e não de Carl. Apesar do fato de as transcrições não editadas revelarem um homem que falava de improviso em parágrafos quase perfeitos, uma coletânea de palestras não é exatamente o mesmo que um livro. Especialmente quando o autor e prêmio Pulitzer em questão nunca publicou nada sem revisar a pente fino no mínimo vinte ou vinte e cinco versões de cada manuscrito em busca de erros ou infelicidades de estilo.

Houve muita risada durante essas palestras, mas também aquele tipo de silêncio mortal que surge quando público e orador estão unidos na mesma idéia. Os longos diálogos em alguns dos períodos de perguntas e respostas captam um pouco do que era explorar uma pergunta com Carl. Assisti a cada palestra, e mais de vinte anos depois o que ficou em mim foi a extraordinária combinação entre a defesa claríssima, baseada em princípios, e o respeito e a ternura para com quem não tinha a mesma opinião que ele.

O psicólogo e filósofo americano William James proferiu as Palestras Gifford nos primeiros anos do século xx. Mais tarde ele as transformou num livro de extraordinária influência chamado

As variedades da experiência religiosa, que continua sendo editado até hoje. Carl admirava a definição de religião de James, um "sentimento de estar em casa no universo", e a citou na conclusão de *Pálido ponto azul*, sua visão do futuro humano no espaço. O título do livro que você tem em suas mãos é um reconhecimento à tradição ilustre das Palestras Gifford. A variação que fiz do título de James pretende mostrar que a ciência abre caminho para níveis de consciência que de outra forma nos são inacessíveis e que, contrariando nossa tendência cultural, a única gratificação que a ciência nos nega é a ilusão. Espero que esse título também homenageie a amplitude da pesquisa e a riqueza de idéias que marcaram a vida e o trabalho, inseparáveis, de Carl Sagan. As variedades de sua experiência científica foram exemplificadas pela singularidade, pela humildade, pela comunhão, pelo deslumbramento, pelo amor, pela coragem, pela memória, pela sinceridade e pela compaixão.

Na mesma gaveta onde as transcrições dessas palestras foram descobertas, havia um conjunto de anotações para um livro que ele não teve a chance de escrever. Seu título provisório era *Ethos*, e teria sido nossa tentativa de sintetizar as perspectivas espirituais que retiramos das revelações da ciência. Coletamos fichários inteiros de anotações e referências sobre o assunto. Entre elas estava uma citação que Carl havia tirado de Gottfried Wilhelm Leibniz (1646-1716), o gênio matemático e filosófico que inventou o cálculo diferencial e integral independentemente de Isaac Newton. Leibniz argumentava que Deus deveria ser a muralha que barra o questionamento, como escreveu em seu famoso trecho de *Princípios da natureza e da graça*:

> Por que alguma coisa existe em vez do nada? Pois o "nada" é mais simples que "alguma coisa". Assim, essa razão suficiente para a existência do universo [...] que não tem necessidade de nenhuma outra

15

razão [...] tem de ser um ser necessário, senão não deveríamos ter uma razão suficiente com a qual pudéssemos parar.

E, logo abaixo da citação digitada, três pequenas palavras à mão, em tinta vermelha, um recado de Carl para Leibniz e para nós: "*Então não pare*".

ANN DRUYAN
Ithaca, Nova York
21 de março de 2006

Introdução do autor

Nestas palestras eu gostaria, de acordo com os termos do Espólio de Gifford, dizer-lhes um pouco das minhas opiniões sobre o que pelo menos costumava ser chamado de teologia natural, que, no meu entender, é tudo sobre o mundo que não é fornecido por revelações. Trata-se de um assunto muito amplo, e necessariamente terei de escolher alguns tópicos. Quero ressaltar que o que direi são minhas opiniões pessoais sobre essa área limítrofe entre a ciência e a religião. A quantidade do que já se escreveu sobre a questão é enorme, certamente mais de 10 milhões de páginas, ou cerca de 10^{11} bits de informação. Essa é uma estimativa bem baixa. E mesmo assim ninguém pode alegar ter lido nem mesmo uma fração minúscula desse corpo de literatura, nem uma fração representativa. Portanto, só se consegue abordar o assunto torcendo para que boa parte do que se escreveu seja de leitura desnecessária. Tenho consciência das muitas limitações na profundidade e na amplitude do meu próprio conhecimento sobre ambos os assuntos, portanto peço sua tolerância. Felizmente, havia um momento de debates depois de cada uma das Palestras Gifford, nos quais meus erros mais flagrantes puderam ser apontados, e fiquei genuinamente encantado pela vigorosa troca de conhecimento daquelas sessões.

Embora declarações definitivas sobre esses assuntos fossem possíveis, não é isso o que se segue. Meu objetivo é muito mais modesto. Só espero rastrear meu próprio pensamento e entendimento do assunto na esperança de que isso estimule outras pessoas a ir mais além, e talvez através dos meus erros — espero não ter cometido muitos, mas era inevitável que cometesse — surjam outros insights.

CARL SAGAN

Glasgow, Escócia

14 de outubro de 1985

VARIEDADES DA
EXPERIÊNCIA CIENTÍFICA

1. Natureza e deslumbramento: um reconhecimento do céu

O verdadeiro devoto tem de superar o difícil caminho entre o precipício da ausência de Deus e o pântano da superstição.

Plutarco

Certamente os dois extremos devem ser evitados, mas o que são eles? O que é ausência de Deus? Será que a preocupação em evitar o "precipício da ausência de Deus" não pressupõe a própria questão que estamos aqui para discutir? E o que exatamente é superstição? Não é, como já se disse, apenas a religião dos outros? Ou existe algum parâmetro pelo qual possamos detectar o que constitui a superstição?

Para mim, eu diria que a superstição é marcada não por sua pretensão a corpo de conhecimento, e sim por seu método de buscar a verdade. E gostaria de sugerir que a superstição é muito simples: é apenas crença sem evidência. Tentarei tratar da interessante questão sobre o que constitui evidência. E retornarei a essa questão da natureza da evidência e da necessidade do pensamento cético na pesquisa teológica.

A palavra *religião* vem do latim, significa "unir", ligar coisas que foram separadas. É um conceito muito interessante. E, no sentido de buscar as inter-relações mais profundas entre coisas que na superfície parecem dissociadas, os objetivos da religião e os da ciência, creio, são idênticos, ou quase. Mas a questão tem a ver com a confiabilidade das verdades declaradas pelas duas áreas e os métodos de abordagem.

De longe o melhor jeito que conheço de deflagrar a sensação religiosa, o sentimento de temor, é olhar para o céu numa noite clara. Acredito que é muito difícil saber quem somos enquanto não entendemos onde e quando estamos. Acho que todo mundo em todas as culturas já sentiu temor e assombro ao olhar para o céu. Isso se reflete no mundo inteiro, tanto na ciência quanto na religião. Thomas Carlyle disse que o deslumbramento é a base da adoração. E Albert Einstein disse: "Defendo que o sentimento religioso cósmico é o motivo mais forte e mais nobre para a pesquisa científica". Se Carlyle e Einstein conseguiram concordar em alguma coisa, há uma pequena chance de ela estar certa.

Aqui estão duas imagens do universo. Por motivos óbvios elas focam não os espaços onde não há nada, mas os locais em que há alguma coisa. Seria bem chato se eu simplesmente mostrasse a vocês fotos e mais fotos da escuridão. Mas ressalto que o universo é principalmente feito de nada, que coisas são exceção. O nada é a regra. Aquela escuridão é o lugar-comum; é a luz que é a raridade. Entre a escuridão e a luz, fico sem dúvida do lado da luz (especialmente num livro ilustrado). Mas temos de lembrar que o universo é uma escuridão quase completa e impenetrável e que as esparsas fontes de luz, as estrelas, estão bem longe da nossa capacidade atual de criar e controlar. Vale a pena contemplar, antes de partir para a exploração, essa prevalência da escuridão, tanto em termos factuais como metafóricos.

fig. 1

fig. 2

fig. 3

Esta imagem tem o objetivo de orientar. É a impressão de um artista sobre o sistema solar, em que as dimensões dos objetos, mas não as distâncias relativas entre eles, estão em escala. E pode-se ver que há quatro grandes corpos além do Sol, e o resto são caquinhos. Vivemos no terceiro pedaço de caquinho a partir do Sol; um mundo minúsculo de rocha e metal com uma fina pátina — um verniz — de matéria orgânica na superfície, da qual constituímos uma fração minúscula.

Este desenho foi feito por Thomas Wright, de Durham, que publicou um livro extraordinário em 1750, a que deu o nome bem adequado de *An original theory or new hypothesis of the universe.* Wright era, entre outras coisas, arquiteto e desenhista. Esta imagem mostra, pela primeira vez, uma noção impressionante de escala do sistema solar e de além dele. O que se vê aqui é o Sol e, em escala proporcional ao tamanho do Sol, a distância até a órbita de Mercúrio. Em seguida os planetas Vênus, Terra, Marte, Júpiter e Saturno — os outros planetas não eram conhecidos naquela época —, e então, numa maravilhosa tentativa, há o sistema solar, os planetas dos quais falamos, todos naquele ponto central, e uma roseta representando as órbitas cometárias conhecidas naquele tempo. Ele não foi muito mais longe do que a órbita atual de Plutão. E então imaginou, a uma grande distância, a estrela mais próxima então conhecida, Sirius, em volta da qual não chegou a ter a coragem de desenhar outra roseta de órbitas cometárias. Mas havia a clara idéia de que nosso sistema solar e os sistemas de outras estrelas eram semelhantes.

Lâmina xi.

Figura 1.

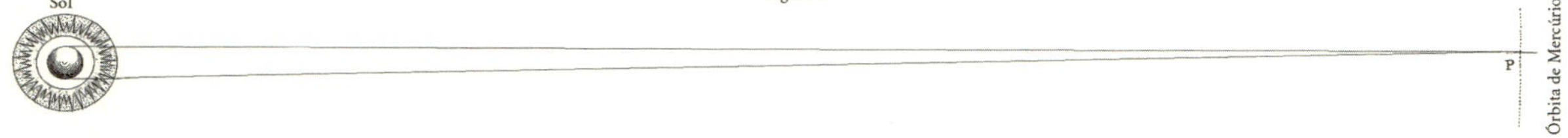
Sol
P
Órbita de Mercúrio

Figura 3.

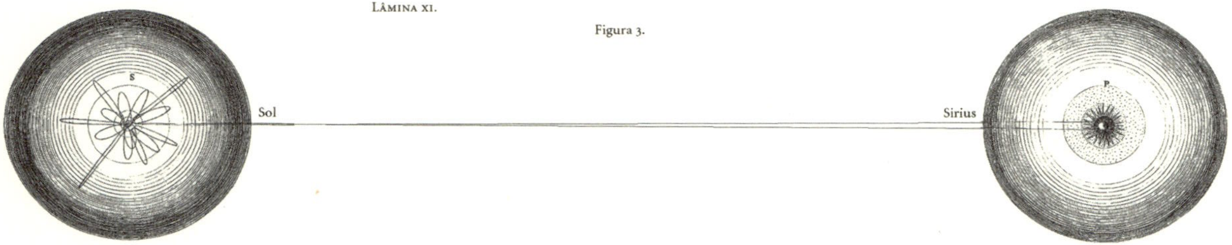
S
Sol
Sirius
P

Figura 2.

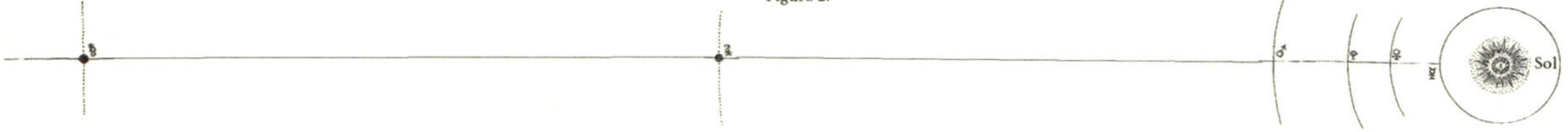
Sol

fig. 4

Aqui, no canto superior esquerdo, está a primeira de quatro ilustrações modernas que tentam mostrar exatamente a mesma coisa, na qual vemos a Terra em sua órbita e os outros planetas internos. Cada pontinho tem a intenção de representar uma fração da infinidade de pequenos mundos denominados asteróides. Depois deles, vê-se a órbita de Júpiter. E a distância entre a Terra e o Sol representada pela escala no alto é denominada unidade astronômica. É a primeira aparição — vou falar de várias — da arrogância geocêntrica e antropocêntrica que parece contaminar todas as tentativas humanas de observar o cosmos. A idéia de que uma unidade astronômica para medir o universo tenha a ver com a distância entre a Terra e o Sol é claramente uma pretensão humana. Mas, como ela está profundamente arraigada na astronomia, continuarei a usar o termo.

No canto superior direito vemos que a figura anterior está envolta num pequeno quadrado no centro. Aqui temos uma escala de dez unidades astronômicas. Não dá para distinguir as órbitas dos planetas interiores, entre eles a Terra, nessa escala. Mas podemos ver as órbitas dos planetas gigantes Júpiter, Saturno, Urano e Netuno, assim como a de Plutão.

No canto inferior direito a figura anterior está num pequeno quadrado, e agora temos uma escala de cem unidades astronômicas. Aqui há um cometa — existem muitos — com uma órbita bastante excêntrica.

Mais um aumento na escala em dez vezes e temos a figura no canto inferior esquerdo. E aqui o cinza pretende representar as fronteiras interiores da nuvem de Oort, que tem mais ou menos 1 trilhão de cometas — núcleos cometários — e que cerca o Sol e se estende para os limites do espaço interestelar.

fig. 5a   fig. 5b

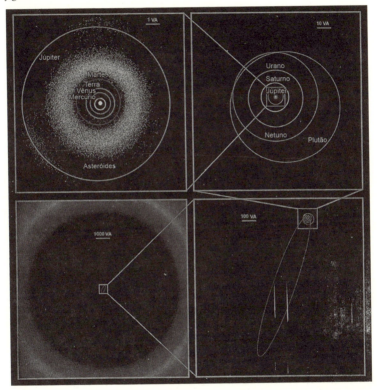

fig. 5c   fig. 5d

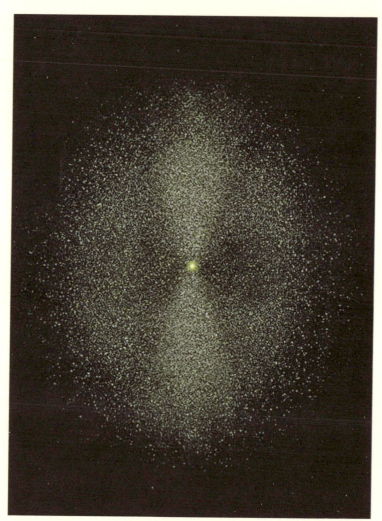

fig. 6

Esta é a representação artística da nuvem de Oort inteira. Agora a dimensão é de *100 mil* unidades astronômicas, e há um limite externo para a nuvem de Oort. Todos os planetas, e os cometas que conhecemos, estão perdidos na claridade da luz do Sol. E aqui, pela primeira vez, temos uma escala suficiente para ver algumas das estrelas vizinhas. Portanto, o mundo em que vivemos é uma parte minúscula e insignificante de um vasto conjunto de mundos, muitos dos quais são bem menores, e alguns, bem maiores. O número total desses mundos é, como já disse, algo da ordem de 1 trilhão, ou 10^{12}, 1 seguido de doze zeros, no qual a Terra representa apenas um, todos na família do Sol. E nossa estrela, evidentemente, é só uma numa enorme multidão.

Aqui Thomas Wright avançou mais ainda, e agora vemos mais de um sistema com uma roseta cometária. Ele claramente tinha a noção de que o céu estava cheio de sistemas mais ou menos como o nosso e foi tão explícito em palavras quanto é aqui, numa ilustração de seu livro de 1750, que, aliás, é também a primeira afirmação explícita de que as estrelas que vemos à noite fazem parte de uma concentração de estrelas que hoje chamamos de galáxia da Via Láctea, com uma forma específica e um centro específico.

Há um enorme número de estrelas em nossa galáxia. O número não é tão grande quanto o número de núcleos cometários em torno do Sol, mas mesmo assim não é nada modesto. São cerca de 400 bilhões de estrelas, das quais o Sol é uma.

fig. 7

fig. 8

Estas são as Plêiades, um conjunto de estrelas jovens que nasceram há pouco tempo e que ainda estão envoltas por seus casulos de gás e poeira interestelar.

Esta é uma das muitas nebulosas, grandes nuvens de gás e poeira interestelar. Para mostrar claramente o que estamos vendo, há algumas estrelas espalhadas no primeiro plano e por trás delas há uma nuvem de hidrogênio interestelar brilhante — o vermelho. A escuridão não é a ausência de estrelas; é só um lugar em que a matéria escura impede que vejamos as estrelas por trás dela. É nas densas concentrações desse material escuro interestelar que as novas estrelas e — como podemos ver — os novos sistemas planetários estão nascendo.

fig. 9

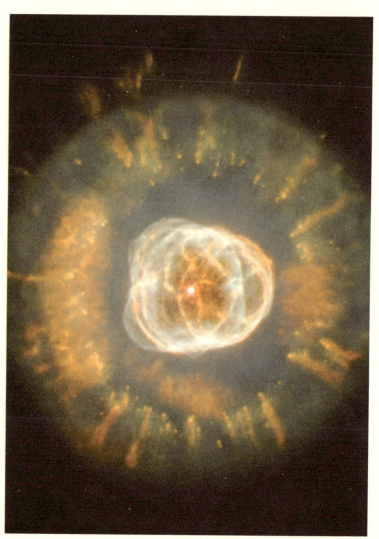

fig. 10

Esta é a foto de uma estrela moribunda. Ao longo de sua evolução, ela expulsou suas camadas externas numa espécie de bolha de gás em expansão, principalmente de hidrogênio. As estrelas fazem isso às vezes, é possível que periodicamente, e, quando fazem, há graves problemas para os planetas que estiverem em torno dela. Não é um acontecimento nada incomum para uma estrela um pouco maior do que o Sol.

Aqui há um evento ainda mais explosivo e perigoso. Esta é a nebulosa do Véu. Trata-se de uma remanescente de supernova, uma estrela que explodiu violentamente, e qualquer vida em qualquer planeta que existisse em volta da estrela que explodiu, a supernova, certamente teria sido destruída na explosão. Até estrelas comuns como o Sol passam por uma seqüência de eventos no final de sua história, o que representa enormes problemas para os habitantes dos planetas que elas possam ter.

Daqui a 5 ou 6 ou 7 bilhões de anos, o Sol vai se transformar numa estrela vermelha gigante e vai engolir as órbitas de Mercúrio e Vênus, e provavelmente a Terra. A Terra ficará então dentro do Sol, e os problemas que enfrentamos hoje se tornarão, em comparação, bem modestos. Por outro lado, como isso ainda vai demorar 5 bilhões de anos ou mais, não é nosso problema mais urgente. Mas é algo para se ter em mente. Tem implicações teológicas.

fig. 11

fig. 12

Há um número imenso de estrelas. Especialmente no centro da galáxia, na direção da constelação de Sagitário, o céu está coalhado de sóis, no total uns 200 bilhões de sóis, formando a galáxia da Via Láctea. Pelo que sabemos, uma estrela média não é muito diferente do Sol. Ou, em outras palavras, o Sol é uma estrela razoavelmente típica na Via Láctea, sem nada que chame nossa atenção. Se recuássemos um pouco e incluíssemos o Sol nessa figura, não conseguiríamos saber se ele está aqui ou ali, ou talvez ali no canto superior direito.

Seria ótimo ter uma foto da Via Láctea tirada da distância adequada, mas ainda não enviamos câmeras tão longe, portanto o máximo que podemos fazer por enquanto é mostrar uma foto de uma galáxia como a nossa, e esta é, na realidade, a mais próxima galáxia espiral como a nossa, a M31 da constelação de Andrômeda. E estamos de novo observando estrelas em primeiro plano dentro da galáxia da Via Láctea, através das quais vemos a M31 e duas de suas galáxias satélites.

Imagine agora que esta é nossa galáxia. Estamos olhando para uma grande concentração de estrelas no centro, tão próximas uma da outra que não conseguimos distingui-las individualmente. Vemos estas espirais de gás escuro e poeira em que a formação de estrelas está acontecendo. Se esta fosse a galáxia da Via Láctea, onde estaria o Sol? Estaria no centro da galáxia, onde as coisas são claramente importantes, ou pelo menos bem iluminadas? A resposta é não. Estaríamos em algum ponto dos cafundós galácticos, lá na periferia, onde nada acontece. Estamos situados num local bem sem graça e desimportante da grande galáxia da Via Láctea. Mas, evidentemente, essa não é a única galáxia. Existem muitas galáxias, um número enorme de galáxias.

fig. 13

fig. 14

Esta imagem pretende dar uma ligeira idéia de quantas há. Estamos olhando para fora do plano da galáxia da Via Láctea, na direção da constelação de Hércules. O que vemos aqui são mais galáxias para lá da Via Láctea. (Na verdade, existem mais galáxias no universo do que estrelas dentro da galáxia da Via Láctea.) Isto é, há algumas estrelas no primeiro plano como nas figuras anteriores, mas a maioria dos objetos que se vêem aqui são galáxias — galáxias espirais vistas de perfil, galáxias elípticas e outras formas. O número de galáxias externas para lá da Via Láctea fica no mínimo nos trilhões, cada uma com um número de estrelas mais ou menos comparável ao de nossa própria galáxia. Portanto, se multiplicarmos pelo número de estrelas que isso representa, obtemos um número — vejamos, dez elevado a... É alguma coisa como 1 seguido de 23 zeros, e o Sol é apenas um. É uma calibração útil do nosso lugar no universo. E esse imenso número de mundos, a enorme escala do universo, na minha opinião, não foi levado em conta, nem mesmo de maneira superficial, por virtualmente nenhuma religião, sobretudo no caso das religiões ocidentais.

Mas não mostrei a vocês imagens do nosso mundinho minúsculo, nem Thomas Wright. Ele escreveu:

> A respeito do que você disse sobre eu ter deixado minha própria casa de fora de meu esquema do universo, por ter viajado para tão longe no infinito a ponto de quase perder a Terra de vista, acho que responderei bem se responder como Aristóteles, quando Alexandre, olhando para um mapa do mundo, perguntou-lhe sobre a cidade da Macedônia; dizem que o filósofo disse ao príncipe que o lugar que ele buscava era pequeno demais para ser percebido ali, e que não havia sido omitido sem bons motivos. O sistema do Sol, comparável a uma parte minúscula da criação visível, ocupa uma porção tão pequena do universo conhecido que numa visão bastante finita da imensidão do espaço julguei que a localização da Terra tinha bem poucas conseqüências.

Essa perspectiva oferece uma calibração do lugar onde estamos. Não acho que ela precise ser desanimadora. É a realidade do universo em que vivemos.

Muitas religiões já tentaram erguer estátuas muito grandes de seus deuses, e a idéia, imagino, é nos sentirmos pequenos. Mas, se esse é seu propósito, podem ficar com seus ícones inúteis. Só precisamos olhar para cima se quisermos nos sentir pequenos. É depois de um exercício como esse que muita gente conclui que a sensação religiosa é inevitável. Edward Young, no século XVIII, disse: "Um astrônomo não-devoto é maluco", e imagino então que seja essencial que todos nós declaremos nossa devoção, sob o risco de sermos julgados malucos. Mas devoção a quê?

Só o que vimos foi um universo vasto, intricado e admirável. Nenhuma conclusão teológica específica deriva de um exercício como o que acabamos de fazer. E mais, quando entendemos um pouco da dinâmica astronômica, da evolução dos mundos, reconhecemos que mundos nascem e mundos morrem, têm vidas como os seres humanos, portanto existe muito sofrimento e muita morte no cosmos uma vez que há muita vida. Por exemplo, falamos sobre as estrelas em seus estágios finais de evolução. Falamos sobre as explosões de supernovas. Há explosões muito maiores. Há explosões nos centros de galáxias dos chamados quasares. Há outras explosões, talvez pequenos quasares. Na verdade, a própria galáxia da Via Láctea já teve uma série de explosões em seu centro, a cerca de 30 mil anos-luz de distância. E se, como especularei mais tarde, a vida e talvez a inteligência são um lugar-comum cósmico, então obrigatoriamente existem destruições maciças, o extermínio de planetas inteiros, que ocorrem rotineiramente, com freqüência, em todo o universo.

Essa é uma visão diferente da idéia, tradicional do Ocidente, de uma divindade que se desdobra, cuidadosa, para promover o bem-estar de criaturas inteligentes. O que a astronomia moderna sugere é uma conclusão bem diferente. Vem-me à mente um trecho de Tennyson: "Encontrei-O no brilho das estrelas / Notei-O nas flores de Seus campos". Até aí, tudo é bem comum. "Mas", continua Tennyson, "no Seu manejo com os Homens não O encontro. [...] Por que é tudo à nossa volta / Como se algum deus menor tivesse feito o mundo, / mas não tivesse tido força para moldá-lo como queria...?"*.

Para mim, o primeiro verso, "Encontrei-O no brilho das estrelas", não é totalmente óbvio. Depende de quem é o "O". Mas certamente há no céu a mensagem de que a finitude não só da vida, mas de mundos inteiros, na realidade de galáxias inteiras, é uma antítese em relação às idéias teológicas convencionais do Ocidente, ainda que não no Oriente. E isso então sugere uma conclusão mais ampla. E ela é a idéia de um Criador imortal. Por definição, como ressaltou Ann Druyan, um Criador imortal é um deus cruel, porque Ele, por jamais ter que enfrentar o medo da morte, cria inúmeras criaturas que precisam enfrentá-lo. Por que Ele faria isso? Se Ele é onisciente, poderia ser mais bonzinho e criar imortais, a salvo do perigo da morte. Ele sai por aí criando um universo em que pelo menos várias partes, e talvez sua totalidade, morrem. E, em muitos mitos, a possibilidade mais temida pelos deuses é que os seres humanos descubram o segredo da imortalidade ou até, como no mito da Torre de Babel, por exemplo, tentem chegar ao céu. Há um claro imperativo na religião ocidental de que os seres humanos têm que permanecer como criaturas pequenas e mortais. Por quê? É um pouco como o rico impor a miséria aos pobres e ainda pedir a eles que o amem por isso. E há outros questiona-

---

* "I found Him in the shining of the stars, / I mark'd Him in the flowering of His fields"... "But in His ways with men I find Him not... Why is all around us here / As if some lesser god had made the world, / but had not force to shape it as he would...?" (N. T.)

mentos das religiões convencionais só no olhar mais casual do tipo de cosmos que apresentei a vocês.

Lerei um trecho de Thomas Paine, de *The age of reason*. Paine foi um inglês que desempenhou importante papel tanto na revolução americana quanto na francesa. "De onde", pergunta Paine,

> De onde, então, pôde surgir o solitário e estranho conceito de que o Todo-Poderoso, que tinha milhões de mundos igualmente dependentes de sua proteção, deveria parar de cuidar de todo o resto e vir morrer em nosso mundo porque, como dizem, um homem e uma mulher comeram uma maçã? E, por outro lado, devemos acreditar que todos os mundos na criação infinita tiveram uma Eva, uma maçã, uma serpente e um redentor?

Paine está dizendo que temos uma teologia em que a Terra é o centro e envolve um pedacinho minúsculo de espaço e que, quando nos afastamos, quando adotamos uma perspectiva cósmica mais ampla, parte dela fica numa escala muito pequena. E de fato um problema generalizado de boa parte da teologia ocidental, na minha opinião, é que o Deus retratado é pequeno demais. É um deus de um mundinho, e não o deus de uma galáxia, muito menos de um universo.

Podemos dizer: "Isso só é assim porque as palavras corretas não estavam disponíveis na época em que os primeiros livros sagrados judaicos, cristãos ou islâmicos foram escritos". Mas fica claro que esse não é o problema; é certamente possível nas belas metáforas desses livros descrever algo como a galáxia e o universo, mas não há isso lá. É um deus de um mundinho pequeno — um problema, para mim, que os teólogos não trataram de forma adequada.

Não estou propondo que seja uma virtude se divertir com nossas limitações. Mas é importante entender quanto não sabemos. Há uma enorme quantidade de coisas que não sabemos; há uma quantidade minúscula das que sabemos. Mas o que entendemos nos deixa cara a cara com um cosmos incrível que é simplesmente diferente do cosmos de nossos ancestrais devotos.

Só tentar entender o universo não seria uma demonstração de falta de humildade? Concordo que a humildade é a única resposta justa no confronto com o universo, mas não uma humildade que nos impeça de querer descobrir a natureza do universo que admiramos. Se buscarmos essa natureza, o amor poderá receber informações da verdade, em vez de se basear na ignorância ou no autoengano. Se um Deus Criador existe, Ele ou Ela, qualquer que seja o pronome adequado, vai preferir um bronco que adore sem nada entender? Ou vai preferir que Seus devotos admirem o universo verdadeiro em toda a sua complexidade? Sugiro que a ciência é, pelo menos em parte, adoração informada. Minha crença profunda é que, se existe um deus do tipo tradicional, nossa curiosidade e nossa inteligência nos são dadas por esse mesmo deus. Não estaríamos fazendo jus a esses dons se suprimíssemos nossa paixão por explorar o universo e nós mesmos. Por outro lado, se um deus do tipo tradicional não existe, nossa curiosidade e nossa inteligência são os instrumentos essenciais para administrar nossa sobrevivência numa época extremamente perigosa. Em ambos os casos, a empreitada do conhecimento é certamente coerente com a ciência; deveria ser com a religião, e é essencial para o bem da espécie humana.

2. Afastando-nos de Copérnico: um emburrecimento moderno

Todos nós crescemos com a idéia de que existe um relacionamento pessoal entre nós e o universo. E há uma tendência natural de projetar nosso próprio conhecimento, em especial o autoconhecimento, nossos sentimentos, nos outros. Isso é bem normal na psicologia e na psiquiatria. E é a mesma coisa com nossa visão do mundo natural. Antropólogos e historiadores da religião às vezes chamam isso de animismo e o atribuem às chamadas tribos primitivas — isto é, aquelas que não construíram instrumentos de destruição em massa. É a idéia de que cada árvore ou riacho tem uma espécie de espírito que os move — que, como Tales, o primeiro cientista, disse em um dos poucos fragmentos remanescentes de sua obra, "há deuses em tudo". É uma idéia natural. Mas não se restringe aos animistas, que existem em número de milhões e milhões no planeta hoje. Os físicos, por exemplo, fazem isso o tempo todo, exceto quando a natureza não pede. É a coisa mais comum do mundo, por exemplo, na teoria cinética dos gases, imaginar cada uma das pequenas moléculas de ar colidindo de frente como se fossem, quem sabe, bolas de bilhar. Não se trata exatamente de uma projeção, já que os físicos não estão falando estritamente de bolas de bilhar, mas se trata de destacar uma coisa da experiência cotidiana e projetá-la num universo diferente. É bastante comum para os físicos se referir a moléculas ou a asteróides como "aqueles caras". É mais fácil imaginar o que é uma molécula ou um asteróide se os imaginarmos como seres parecidos conosco. E isso, acredito, revela a prevalência até hoje daqueles modos antigos de pensar.

Mas não dá para levar esse tipo de projeção muito longe, porque mais cedo ou mais tarde você se dá mal. Por exemplo, quando tratamos da relatividade ou da mecânica quântica, descobrimos universos que são estranhos à nossa experiência cotidiana, e de repente as leis da natureza se revelam incrivelmente diferentes. A idéia de que, quando ando nesta direção, meu relógio avança um pouquinho mais devagar e sou contraído na direção do movimento, e minha massa aumenta ligeiramente, não corresponde à experiência cotidiana. Ainda assim, essa é uma conseqüência absolutamente certa da relatividade especial, e o motivo de ela não combinar com o bom senso é que não temos o hábito de nos movimentar perto da velocidade da luz. Pode ser que um dia tenhamos esse costume, e então as transformações de Lorentz* serão naturais, intuitivas. Mas por enquanto elas não são.

A idéia de que existe um limite cósmico para a velocidade, a velocidade da luz, que nenhum objeto material consegue ultrapassar, também contraria a intuição, embora possa ser demonstrada, como fez Einstein, numa análise surpreendentemente simples e básica do que queremos dizer com espaço, tempo, simultaneidade e assim por diante.

---

* As transformações de Lorentz especificam como o tempo passa mais devagar e o comprimento se contrai em qualquer referencial dependendo de sua velocidade relativa. A teoria da relatividade especial de Einstein desdobrou a transformação de Lorentz presumindo uma velocidade da luz constante para todos os observadores.

Ou, se eu propusesse a vocês que meu braço poderia ficar nesta ou naquela posição mas que seria proibido pelas leis da natureza ficar numa posição intermediária, vocês iriam achar absurdo, porque isso contraria a experiência. Mas, no nível subatômico, há a quantização de energia, posição e momento. O motivo de isso ir contra a intuição é que não freqüentamos o nível do que é pequeníssimo, onde os efeitos do quantum dominam.

Assim, a história da ciência — especialmente a da física — é um pouco a tensão entre a tendência natural de projetar nossa experiência cotidiana no universo e a discordância do universo dessa tendência humana.

Há uma outra tendência da esfera psicológica ou social que é projetada no mundo natural. Trata-se da idéia do privilégio. Desde a invenção da civilização, sempre houve classes privilegiadas nas sociedades. Alguns grupos oprimem os outros e trabalham para manter essas hierarquias de poder. Os filhos dos privilegiados crescem na expectativa de que, sem nenhum esforço particular específico, vão manter essa posição privilegiada. Quando nascemos, todos nós achamos que somos o universo, e não distinguimos os limites entre nós e quem nos cerca. Isso já é bem conhecido em bebês. Conforme crescemos, descobrimos que existem outras pessoas aparentemente autônomas e que somos apenas mais uma entre muitas outras pessoas. E então, pelo menos em algumas situações sociais, temos a noção de que somos centrais, importantes. Outros grupos sociais, é claro, não têm essa visão. Mas foi geralmente quem tinha privilégio e status, principalmente na Antiguidade, que se tornou cientista, e houve uma projeção natural dessas atitudes sobre o universo.

Dessa forma, Aristóteles, por exemplo, ofereceu argumentos poderosos, nenhum descartável de cara, de que é o céu que se move e não a Terra, de que a Terra é estacionária e que o Sol, a Lua, os planetas, as estrelas nascem e começam a se mover fisicamente em torno da Terra todos os dias. Excetuando-se esses movimentos, acreditava-se que o céu fosse imutável. A Terra, embora estacionária, abrigava toda corrupção do universo.

Lá em cima havia a matéria, que era perfeita, imutável, uma matéria celestial especial que, aliás, é a origem de nossa palavra *quintessência*. Aqui embaixo existiam quatro essências, os quatro elementos imaginários — terra, água, fogo e ar —, e lá em cima ficava aquele quinto elemento, aquela quinta essência que formava o que havia no céu. E é daí que vem a palavra *quintessência*. É interessante ver nos dicionários de hoje o artefato lingüístico de uma visão prévia de mundo. Mas é incrível o que se acha nos dicionários.

No século xv, Nicolau Copérnico sugeriu uma idéia diferente. Ele propôs que era a Terra que rodava e que as estrelas estavam de fato paradas. Ele propôs, além disso, que, para explicar esses aparentes movimentos dos planetas em relação ao pano de fundo das estrelas mais distantes, os planetas e a Terra, além de rodar, giravam em torno do Sol. Quer dizer, a Terra foi rebaixada. Vocês conhecem o termo — mais um artefato lingüístico — *o* mundo ou *a* Terra. O que esse artigo definido indica? Indica que há um só. E isso também remete diretamente aos tempos pré-copérnicos, assim como a expressão, por mais natural que seja, *pôr* e *nascer* do Sol.

Copérnico, aliás, achou a idéia tão perigosa que só a publicou quando já estava em seu leito de morte, e ainda assim com uma introdução revoltante escrita por um homem chamado Osiander, que temia que ela fosse incendiária demais, radical demais. Osiander chegou a escrever: "Copérnico não acredita de verdade nisso. Trata-se só de um método de cálculo. E não vá ninguém pensar que ele está dizendo alguma coisa que vá contra a doutrina". Era uma questão importante. As idéias de Aristóteles tinham sido plenamente aceitas pela Igreja medieval — Tomás de Aquino teve um papel fundamental nisso —, portanto no tempo de Copérnico uma objeção séria ao universo geocêntrico era uma ofensa teológica. E dá bem para entender, porque, se Copérnico estivesse certo, a Terra seria rebaixada, deixaria de ser *a* Terra, *o* mundo, para ser só *um* mundo, *uma* terra, entre muitos.

E então surgiu a possibilidade ainda mais perturbadora, a idéia de que as estrelas eram sóis distantes e que também tinham planetas girando em torno de si, e que, afinal de contas, dava para ver milhares de estrelas a olho nu. De repente a Terra tinha deixado não só de ser central neste sistema solar, mas também em todos os sistemas solares. Bom, por um tempo achamos que estávamos no centro da galáxia da Via Láctea. Se não éramos o centro de nosso sistema solar, pelo menos nosso sistema solar estava no centro da galáxia da Via Láctea. E o desmentido definitivo disso só veio nos anos 1920, para dar uma idéia de quanto tempo levou para que as idéias de Copérnico atingissem a astronomia galáctica.

E então imaginávamos que pelo menos, talvez, nossa galáxia estivesse no centro de todas as outras galáxias, todos aqueles muitos bilhões de outras galáxias. Mas as idéias modernas indicam que o centro do universo não existe, pelo menos não no espaço tridimensional comum, e certamente não estamos nele.

Portanto, aqueles que desejaram algum sentido cósmico central para nós, ou pelo menos para o nosso mundo, ou pelo menos para o nosso sistema solar, ou pelo menos para a nossa galáxia, ficaram decepcionados, cada vez mais decepcionados. O universo não corresponde às nossas ambiciosas expectativas. Dá para ouvir o coro de resistência dos últimos cinco séculos, conforme os cientistas foram revelando a descentralidade da nossa posição, enquanto muitos outros lutaram até o fim para resistir à idéia. A Igreja católica ameaçou Galileu com a tortura se ele persistisse na heresia de dizer que era a Terra que se movia, e não o Sol e o restante dos corpos celestes. Era coisa séria.

Ao mesmo tempo, um outro preceito aristotélico era questionado. A idéia de que, exceto o movimento das esferas de cristal nas quais os planetas estavam embutidos, nada mais mudava no céu. Em 1572 aconteceu uma explosão de supernova na constelação Cassiopéia. Uma estrela que antes era invisível de repente ficou tão brilhante que podia ser vista a olho nu. O astrônomo dinamarquês Tycho Brahe percebeu. Se nada muda lá em cima, como é que pode uma estrela aparecer de repente — de repente mesmo, no período de uma semana ou menos, passar da invisibilidade a uma coisa facilmente visível — e ficar assim por alguns meses para depois ir sumindo? Alguma coisa estava errada.

Poucos anos depois, apareceu um cometa impressionante, o cometa de 1577, e Tycho Brahe — décadas depois de Copérnico — teve a presença de espírito de organizar um conjunto internacional de observações daquele cometa. A idéia era ver se ele estava aqui, na atmosfera da Terra, como Aristóteles insistira que deveria estar, ou lá em cima, no meio dos planetas. Parte do motivo de Aristóteles ter insistido em que os cometas eram fenômenos meteorológicos era sua crença num céu imutável.

Brahe pensou: se o cometa está perto da Terra, dois observadores distantes um do outro o verão em contraste com um pano de fundo diferente de estrelas. Isso se chama paralaxe, facilmente demonstrável só de piscar o olho, primeiro o esquerdo e depois o direito, com um dedo cerca de trinta centímetros à frente do nariz. O dedo parece se mexer quando você pisca.

Brahe raciocinou que, se o cometa estivesse muito longe, os dois observadores distantes um do outro o veriam quase exatamente na mesma parte do céu. Daria para determinar quão distante ele estava pelo tanto que ele se movesse entre esses dois pontos de vista diferentes, pelo tanto de paralaxe. E Brahe determinou que certamente ele estava mais longe que a Lua e, portanto, lá fora, no universo planetário, e não aqui embaixo, onde havia os fenômenos climáticos. Foi mais uma descoberta perturbadora para a sabedoria aristotélica institucionalizada.

Conforme a ciência avançou, houve uma série de ataques — um atrás do outro — contra a vanglória humana. Um deles, por exemplo, foi a descoberta de que a Terra é muito mais antiga do que se podia imaginar. A história humana só remonta a uns poucos milhares de anos. Muita gente acreditava que o mundo não fosse muito mais velho do que a história da humanidade. E não havia a noção de evolução, de vastos espaços de tempo. E aí as evidências geológicas e paleontológicas começaram a se acumular, tornando muito difícil entender como as formas geológicas e os fósseis de plantas e animais hoje extintos poderiam ter existido, a menos que a Terra fosse imensamente mais antiga do que os poucos milhares de anos que eram supostos. Essa é uma batalha que ainda está sendo combatida. Nos Estados Unidos, por exemplo, existem pessoas que são chamadas de "criacionistas", e as mais radicais delas insistem que a Terra tem menos de 10 mil anos. Quanto menor a idade da Terra, maior o papel relativo dos seres humanos na história da Terra. Se a Terra tiver, como sabemos com certeza que tem, 4,5 bilhões de anos, e a espécie humana no máximo alguns milhões de anos, provavelmente menos, só estamos aqui por um instante do tempo geológico, menos de um milésimo da história da Terra, portanto também no tempo, assim como no espaço, fomos rebaixados do centro para um papel incidental.

Então a própria evolução foi uma descoberta ainda mais inquietante, porque pelo menos se esperava que os seres humanos fossem distintos do resto do mundo natural, que tínhamos sido colocados especificamente aqui de um jeito diferente, por exemplo, do das petúnias. Mas a obra histórica de Darwin mostrou que éramos muito provavelmente parentes, no sentido evolutivo, de todas as outras bestas e plantas do planeta. E ainda tem muita gente profundamente ofendida por essa idéia.

Essa sensação de ofensa tem — só estou especulando — profundas raízes psicológicas. Parte dela se deve, acredito, à falta de disposição para encarar os aspectos mais instintivos da natureza humana. Mas creio que é essencial entender isso se quisermos sobreviver. Acho que ignorar esse fato, imaginar que todos os seres humanos são atores racionais na fase atual, é imensamente perigoso numa era de armas nucleares. Acho que o desconforto que algumas pessoas sentem ao observar as jaulas de macacos no zoológico é um sinal de alerta.

Então, na parte inicial do século xx, houve ainda um outro ataque desses, que chegou com a relatividade especial. Como um dos pontos centrais da relatividade especial é que não existem sistemas de referência privilegiados, não estamos numa posição ou num estado de movimento importantes. Não há nada de privilegiado na velocidade que temos ou na aceleração que temos; o universo pode ser entendido com precisão se for verdade que não temos um sistema de referências especial.

Mas é certamente verdade que há algo de especial em nossa posição no tempo. O universo mudou. Um microssegundo depois do Big Bang, ele era bem diferente do que é agora. Portanto, hoje em dia ninguém defende que não haja algo de especial em nossa época, uma vez que o próprio universo evolui. Mas, em termos de posição, velocidade e aceleração, não há nada de privilegiado no ponto em que estamos. Essa sacada foi obtida por um jovem que era contra o privilégio na esfera social. Se se observar os textos autobiográficos de Einstein, acho que fica bem claro que sua oposição ao privilégio no mundo social estava ligada à sua oposição ao privilégio na física fundamental.

Bem, se não temos uma posição, velocidade ou aceleração que nos destaquem, ou uma origem independente em relação às outras plantas e animais, pelo menos, talvez, sejamos os seres mais inteligentes do universo inteiro. E essa é nossa singularidade. Por isso hoje a batalha, a batalha copérnica, é, de um jeito meio dissimulado, travada na questão da inteligência extraterrestre. Isso não garante que exista inteligência extraterrestre. Pode ser que os insights de Copérnico — o princípio da mediocridade, se vocês quiserem chamar assim — funcionem para todas essas outras coisas, mas não para a vida extraterrestre, e que sejamos únicos. Voltarei a esse ponto mais tarde, mas acredito que a revolução copérnica atual também é relevante para esse debate.

Há hoje uma outra frente de batalha em que as idéias copérnicas são atacadas. Ela está ligada a um dos argumentos clássicos a favor da existência de Deus, isto é, do tipo ocidental de Deus: o argumento do design.

A idéia do argumento do design é mais ou menos assim: imagine que você não saiba nada sobre relógios e que se veja diante de um relógio de bolso finamente construído. Você o abre e ouve o tique-taque, e estão lá todas aquelas engrenagens, pesos e metais polidos, e esse tipo de coisa não é produzido na natureza. Portanto, a existência de um mecanismo tão complexo, a existência do relógio, implica um fabricante de relógios. Olhamos agora então para um organismo. Vamos supor um organismo bem modesto, uma bactéria. Ao observá-la, você encontra um mecanismo muito mais complexo do que o de um relógio de bolso. Uma bactéria tem muito mais partes em movimento, muito mais informação, do que aquilo que você teria de enumerar para descrever por escrito como fazer um relógio de bolso. E o mundo está cheio de bactérias. Elas estão por todo lado, quantidades enormes delas. E será possível que esse ser, tão mais complexo que um relógio, tenha surgido espontaneamente a partir de sabe-se lá quais colisões entre átomos? Não é mais provável que esse "relógio" também implique um fabricante de relógios? Esse é um exemplo do argumento do design, e dá para imaginar como qualquer parte da natureza fica sujeita a tal interpretação. Tudo, quer dizer, excetuando o caos completo.

Darwin mostrou, através da seleção natural, que havia outra maneira que não a existência de um Fabricante de Relógios, uma maneira pela qual era possível uma enorme ordem surgir de um mundo natural mais desordenado sem a interferência de nenhum Fabricante de Relógio com inicial maiúscula. Era a seleção natural. As idéias que sustentavam a seleção natural eram: que existia um material hereditário, que havia mudanças espontâneas nesse material hereditário, que essas mudanças se manifestavam na forma externa e no funcionamento do organismo, que os organismos faziam muito mais cópias de si mesmos do que o ambiente era capaz de sustentar, e que portanto era feita pelo ambiente alguma seleção entre os vários experimentos naturais, para o sucesso reprodutivo, e que alguns organismos, por puro acidente, eram mais aptos a deixar descendentes do que outros.

Um aspecto essencial dessa idéia é que é necessário ter tempo suficiente. Se o universo tiver só alguns anos de idade, a evolução darwiniana não faz sentido nenhum. Não há tempo. Por outro lado, se a Terra tiver alguns bilhões de anos, então há um tempo imenso, e podemos ao menos contemplar a possibilidade de que essa seja a fonte, como certamente tudo na biologia moderna indica, da complexidade e da beleza do mundo biológico.

Esse tipo de argumento, derivado do design, pode ser encontrado em outros aspectos da natureza. E gostaria de discutir dois deles. Um é o entendimento de Isaac Newton da ordem dentro do sistema solar, e o outro é uma abordagem interessantíssima, embora falha, das leis da natureza, apresentada recentemente e chamada "princípio antrópico".

Uma das muitas realizações extraordinárias de Newton foi mostrar que, desde que tivesse algumas leis simples e altamente não-arbitrárias da natureza, ele podia deduzir com precisão o movimento dos planetas no sistema solar. O método newtoniano permanece válido desde aquela época até hoje. É exatamente a física newtoniana que é usada rotineiramente na minha linha de trabalho, enviando espaçonaves para os planetas, algo que, fica-se tentado a dizer, supera em muito as expectativas de Newton. Mas ele previu pelo menos o lançamento de objetos para a órbita da Terra.

O que Newton descobriu foi que há um plano singular ao sistema solar. Copérnico havia proposto isso na essência, mas Newton mostrou em detalhes como funcionava. As órbitas dos planetas circulam o Sol, todas elas muito próximas ao plano da eclíptica, também chamado plano zodiacal (porque as constelações do zodíaco ficam em volta desse plano). E é por isso que os planetas, o Sol e a Lua parecem se mover pelo zodíaco. "Por que tudo é tão regular?", perguntou Newton. "Por que todos os planetas estão no mesmo plano? Por que circulam o Sol todos na mesma direção?" Não acontece de Mercúrio girar para um lado e Vênus para o outro. Todos os planetas giram para o mesmo lado. E, pelo que ele sabia naquela época, todos rotavam para o mesmo lado. Os planetas tinham uma regularidade impressionante. Por outro lado, os cometas que eram conhecidos no tempo dele eram desordenados. Suas órbitas ficavam em todos os ângulos possíveis em relação ao plano da eclíptica. Alguns circulavam no sentido direto;* outros no sentido retrógrado. E eles iam para todas as direções.

Newton acreditava que a distribuição das órbitas cometárias era o estado natural e que era assim que os planetas teriam se movimentado se não tivesse havido intervenção. Ele acreditava que Deus havia estabelecido as condições iniciais para os planetas, fazendo-os circularem o Sol na mesma direção, no mesmo plano, e rotarem num sentido compatível.

Essa, na realidade, não é uma conclusão lá muito boa. E Newton, que tinha uma percepção extraordinária em tantas áreas, não teve tanta aqui.

---

* Sentido direto (anti-horário) porque é o da maioria dos corpos celestes. (N. T.)

As linhas gerais de uma solução para esse problema foram fornecidas, de forma independente entre si, pelo que sabemos, por Immanuel Kant e Pierre-Simon, o marquês de Laplace.

Newton, Laplace e Kant viveram depois da invenção do telescópio, portanto depois da descoberta de que Saturno tem um elegante sistema de anéis que o circulam, parte do qual pode ser vista aqui, nesta foto de perto (*fig. 15*). É um plano regular com partículas claramente pequenas. A primeira demonstração clara de que ele é feito de muitas partículas, de que não se trata de uma superfície sólida, foi feita por um físico escocês, James Clerk Maxwell.

Esta é uma visão ainda mais próxima dos anéis de Saturno. E vocês podem ver uma enorme seqüência de anéis e um espaço — a chamada divisão de Cassini nos anéis.

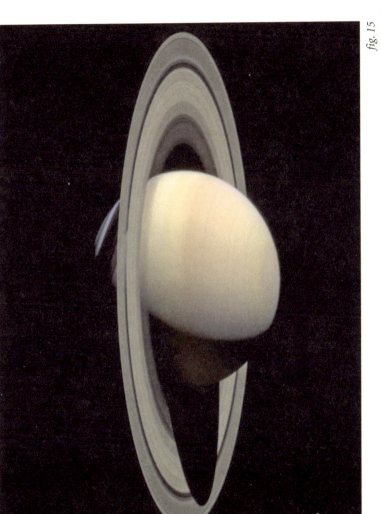

fig. 15

fig. 16

Se olharmos esse pedaço mais de perto, veremos uma sucessão de anéis. Sabemos hoje que existem várias centenas desses anéis, todos num plano regular, e sabemos hoje, como imaginaram Kant e Laplace, que eles são feitos de rochas em movimento e partículas de poeira. Os anéis de Saturno, aliás, em sua extensão lateral são mais finos do que uma folha de papel. Kant também tinha conhecimento dos objetos que então eram chamados de nebulosas. Não estava claro se elas estavam dentro da nossa Via Láctea ou além dela — hoje sabemos, é claro, que a maioria delas está fora. Algumas das nebulosas eram também sistemas planos feitos, sabemos hoje, de estrelas.

Assim, Kant e Laplace, ambos mencionando de forma explícita os anéis de Saturno, e Kant mencionando de forma explícita a nebulosa elíptica, propuseram que o sistema solar se originou de um disco plano daquele tipo e que de alguma maneira os planetas se condensaram para fora do disco. Mas, se for assim, o disco, afinal de contas, tem alguma rotação. Tudo que se condensar para fora dele rodará na mesma direção. E, se vocês pensarem um pouco, verão que, conforme as partículas forem se unindo e formando objetos maiores, todos terão também o mesmo sentido de rotação.

O que Kant e Laplace propuseram é o que hoje chamamos de nebulosa solar, ou disco de acreação, cuja forma plana foi a ancestral dos planetas, e que é facílimo entender por que os planetas estão no mesmo plano com a mesma direção de revolução e o mesmo sentido de rotação.

Além disso, sabemos hoje que a orientação aleatória dos cometas não é primordial e que é muito provável que os cometas tenham sido originados na nebulosa solar, todos circulando o Sol no mesmo sentido, e tenham sido ejetados por interações gravitacionais com os planetas maiores, e então, por perturbações gravitacionais decorrentes das estrelas que passavam, suas órbitas tenham ficado aleatórias.

Dessa forma, Newton estava errado nos dois sentidos: a) ao acreditar que a distribuição caótica das órbitas cometárias era o que deveria se esperar num sistema primordial e b) ao pressupor que não existia nenhuma forma natural dentro da qual as regularidades do movimento dos planetas pudessem ser entendidas sem a intervenção divina, pressuposição da qual ele deduziu a existência de um Criador.

Bem, se Newton pôde ser enganado, é algo digno de atenção. Indica que nós, cujos feitos intelectuais são indubitavelmente inferiores, podemos estar vulneráveis ao mesmo tipo de erro.

Eu gostaria só de reforçar o que já disse sobre a nebulosa solar com três outras imagens.

Esta é uma tentativa de ilustrar o que acabei de dizer. Uma nuvem interestelar originalmente irregular está em rotação. Ela sofre contração gravitacional; isto é, a autogravidade a atrai para si mesma. Devido à conservação do momento angular, ela se achata, assumindo a forma de um disco. Um jeito de pensar isso é ter claro que a força centrífuga não se opõe à contração ao longo do eixo de rotação, mas se opõe no plano de rotação. Assim, dá para ver que o resultado é um disco. Através de processos nos quais não precisamos nos deter aqui (embora tenha havido avanços extraordinários em nosso entendimento nos últimos vinte anos), há instabilidades gravitacionais que produzem um grande número de objetos, que então colidem e produzem um número menor de objetos.

fig. 17

É sabido que, se houvesse um número enorme de objetos com órbitas que se cruzassem, eles acabariam colidindo, e ficaríamos com cada vez menos objetos. Portanto, a idéia aqui é que há uma espécie de seleção natural por colisão — a idéia evolucionária aplicada na astronomia — na qual é preciso ficar com um número pequeno de objetos em órbitas que não se cruzem umas com as outras. E essa certamente é a configuração atual do sistema planetário mostrada aqui.

Esta é só mais uma concepção artística de um estágio inicial da origem do nosso sistema solar, mostrando parte da enorme quantidade de objetos pequenos de poucos quilômetros, a partir dos quais os planetas se formaram. E a descoberta nos últimos anos de vários discos planos em volta de estrelas próximas deixou claro que não se trata apenas de uma idéia teórica.

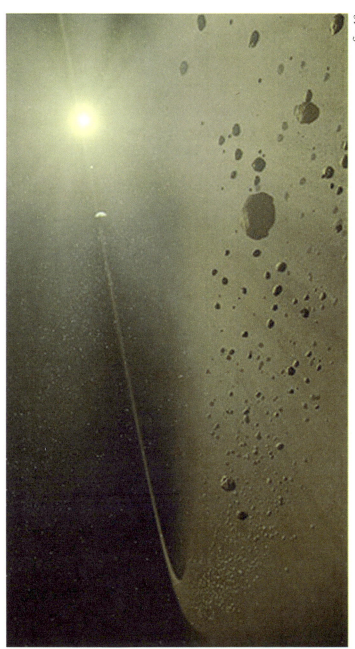

fig. 18

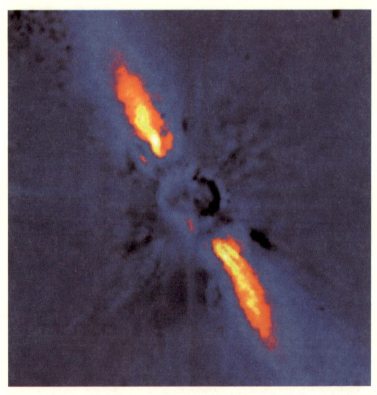

fig. 19

Este disco está em volta da estrela Beta Pictoris. Fica numa constelação do hemisfério Sul. Mas Vega, uma das estrelas mais brilhantes dos céus do Norte, também tem um disco plano de poeira e talvez um pouco de gás em torno de si. E muita gente acha que ela está nos estágios finais de recolher a nebulosa solar, que planetas já se formaram ali, e que, se voltarmos em algumas dezenas de milhões de anos, encontraremos o disco totalmente dissipado e um sistema planetário completamente formado.

Gostaria então de chegar ao chamado princípio antrópico. Quando se estuda história, é quase irresistível fazer a pergunta: E se alguma coisa tivesse ido para uma direção diferente? E se George III tivesse sido um cara legal? Há muitas perguntas; essa não é a mais profunda, mas vocês entendem o que quero dizer. Há muitos acontecimentos aparentemente aleatórios que com a mesma facilidade poderiam ter ido para outro lado, e a história do mundo seria significativamente diferente. Talvez — não sei se é esse o caso —, mas talvez a mãe de Napoleão tenha espirrado e o pai de Napoleão tenha dito "*Gesundheit*", e assim se conheceram. E dessa forma uma única partícula de poeira foi responsável por aquele desvio na história da humanidade. E dá para pensar em possibilidades ainda mais significativas. É natural pensar isso.

Mas aqui estamos nós. Estamos vivos; temos um grau modesto de inteligência; há um universo à nossa volta que claramente permite a evolução da vida e da inteligência. É uma afirmação ordinária e, acredito, a que se pode fazer com mais segurança sobre esse assunto: que o universo é coerente com a evolução da vida, pelo menos aqui. Mas o que é interessante é que em vários aspectos o universo é muito bem ajustado, de forma que, se as coisas fossem um pouquinho diferentes, se as leis da natureza fossem um pouquinho diferentes, se as constantes que determinam a ação dessas leis da natureza fossem um pouquinho diferentes, o universo seria muito diferente, a ponto de ser incompatível com a vida.

Por exemplo, sabemos que as galáxias estão todas se afastando umas das outras (o chamado universo em expansão). Podemos medir a taxa da expansão (ela não é estritamente constante com o tempo). Podemos até extrapolar e questionar há quanto tempo as galáxias estiveram tão próximas umas das outras a ponto de chegarem a se tocar. E isso certamente será, se não a origem do universo, pelo menos uma circunstância anômala ou singular a partir da qual podemos começar uma datação. E o número varia de acordo com as estimativas, mas é de mais ou menos 14 bilhões de anos.

O tempo necessário para a evolução da vida inteligente no universo — se formos únicos e nos definirmos sem modéstia como os portadores da vida inteligente (até seria possível fazer a defesa, sabem, em prol de outros primatas, golfinhos, baleias e assim por diante) —, em qualquer um desses casos, foi de aproximadamente 14 bilhões de anos. Como pode? Por que esses dois números são iguais? Dizendo de outro jeito: se estivéssemos num estágio muito mais inicial ou muito mais avançado da expansão do universo, seriam as coisas muito diferentes? Se estivéssemos num estágio muito mais inicial, não teria havido, segundo essa visão, tempo suficiente para que os aspectos aleatórios do processo evolutivo ocorressem, portanto a vida inteligente não estaria aqui, e não haveria ninguém para defender esse argumento ou debater em cima dele. Dessa forma, o simples fato de podermos falar sobre isso já demonstra, segundo o argumento, que o universo tem de ter certo número de anos. Se tivéssemos sido sábios o suficiente para pensar nesse argumento antes de Edwin Hubble, poderíamos ter feito essa espetacular descoberta sobre a expansão do universo só de olhar para nosso umbigo.

Para mim, há um aspecto *ex post facto* muito curioso desse argumento. Tomemos um outro exemplo. A gravitação newtoniana é uma lei do inverso do quadrado. Imagine dois objetos em autogravitação, afaste-os duas vezes um do outro, e a atração gravitacional será de um quarto; afaste-os dez vezes, e a atração gravitacional será de um centésimo, e assim por diante. Virtualmente todo desvio de uma lei do inverso do quadrado exato produz órbitas planetárias que são, de uma maneira ou de outra, instáveis. Uma lei do inverso do cubo, por exemplo, e uma potência maior do expoente negativo fariam com que os planetas entrassem rapidamente em espiral no Sol e fossem destruídos.

∗

Imaginem um dispositivo com um botão para mudar a lei da gravidade (bem que eu gostaria que esse dispositivo existisse, mas não existe). Poderíamos colocar nele qualquer expoente, incluindo o número 2 para o universo em que vivemos. E, ao fazer isso, perceberíamos que um grande subconjunto de expoentes possíveis levaria a um universo em que órbitas planetárias estáveis seriam impossíveis. E até um desvio minúsculo de 2 — 2,0001, por exemplo — poderia, ao longo da história do universo, bastar para tornar impossível nossa existência atual.

Então, pode-se perguntar, como é possível que seja exatamente uma lei do inverso do quadrado? Como isso aconteceu? Aqui está uma lei que se aplica a todo cosmos que conseguimos enxergar. Galáxias binárias distantes que circulam entre si seguem exatamente uma lei do quadrado inverso. Por que não outro tipo de lei? Será só um acidente, ou existe a lei do quadrado inverso para que possamos estar aqui?

Na mesma equação newtoniana, há a constante de acoplamento gravitacional chamada "grande G". Se o grande G fosse dez vezes maior (seu valor no sistema centímetro-grama-segundo é de cerca de $6,67 \times 10^{-8}$), se ele fosse dez vezes maior ($6,67 \times 10^{-7}$), o único tipo de estrela que teríamos no céu seriam estrelas gigantes azuis, que gastam seu combustível nuclear tão rápido que não persistiriam tempo suficiente para que a vida evoluísse em qualquer planeta (isto é, se a escala de tempo para a evolução da vida em nosso planeta for típica).

Ou, se a constante gravitacional newtoniana fosse dez vezes menor, aí teríamos apenas estrelas anãs vermelhas. Qual é o problema de um universo feito de estrelas anãs vermelhas? Ué, argumenta-se, elas ficam por aqui por muito tempo porque queimam seu combustível nuclear devagar, mas são fontes de luz tão fracas que, para que tivessem temperatura quente o bastante para ter água líquida, por exemplo*, os planetas deveriam estar muito próximos da estrela. Só que, se colocarmos os planetas bem próximo da estrela, a atração exercida por ela sobre o planeta faria com que ele mantivesse sempre a mesma face voltada para a estrela e, portanto, dizem, o lado mais próximo ficaria quente demais, e o lado mais distante, frio demais, e isso não é compatível com a vida. Não é então incrível que o grande G tenha o valor que tem? Voltarei a esse ponto.

Ou pensem na estabilidade do átomo. Um elétron com algo como um oitocentésimo da massa de um próton tem exatamente a mesma carga elétrica. Exatamente. Se ele fosse um pouquinho só diferente, os átomos não seriam estáveis. Como é possível que as cargas elétricas sejam exatamente as mesmas? É para que, 14 bilhões de anos depois, nós, que somos feitos de átomos, possamos estar aqui?

Ou, se a constante de acoplamento da força nuclear forte fosse um tiquinho só mais fraca do que é, daria para demonstrar que apenas o hidrogênio seria estável no universo, e todos os outros átomos, que certamente são necessários para a vida, diríamos, jamais teriam surgido.

---

* Há sem dúvida algo de antropocêntrico em se falar em água líquida, mas vamos dar essa chance a eles. É curioso, nessas discussões, ver organismos feitos, em sua maior parte, de água líquida dizendo que a água líquida é essencial para o universo. Mas deixemos para lá.

Ou, se determinadas ressonâncias nucleares específicas na física nuclear do carbono e do oxigênio fossem um pouquinho diferentes, não se formariam no interior das estrelas gigantes vermelhas os elementos mais pesados, e novamente só haveria hidrogênio e hélio no universo, e a vida seria impossível. Como pode tudo funcionar tão bem para permitir a existência da vida, quando é possível imaginar um universo bem diferente?

(O que vou dizer agora não é uma resposta à pergunta que acabei de fazer.) Não é difícil ver a teleologia que se esconde nessa seqüência de argumentos. E, na verdade, o próprio termo *princípio antrópico* já delata no mínimo as bases emocionais, se não lógicas, do argumento. Ele indica uma coisa essencial sobre nós; somos o *anthropos*. E é por isso que estou dizendo que esse é um outro front, meio disfarçado, em que o conflito copérnico está sendo combatido em nossos tempos. J. D. Barrow, um dos autores e propagadores do princípio antrópico, é bem direto. Ele diz que o universo é "projetado com o objetivo de gerar e sustentar observadores" — ou seja, nós.

O que podemos dizer sobre isso? Deixem-me fazer, para concluir, algumas críticas. Em primeiro lugar, pelo menos em algumas partes desse argumento há uma falta de imaginação. Voltemos àquele argumento da estrela anã vermelha, em que, se a constante gravitacional fosse uma ordem de magnitude menor, teríamos apenas essas gigantes vermelhas. É verdade que não poderia existir vida nessa situação pelos motivos que mencionei? Não, não é, por duas razões. Analisemos de novo o argumento da atração. Sim, para um planeta próximo e a estrela, parece possível que o resultado seja o mesmo tipo de situação da Lua e da Terra, isto é, o corpo secundário faz uma rotação por revolução, portanto mantém sempre a mesma face para o corpo primário. É por isso que sempre vemos só um Homem da Lua e não uma Mulher da Lua do outro lado. Mas, se pensarmos em Mercúrio e no Sol, temos um planeta próximo não numa ressonância de um para um, mas numa ressonância de três para dois. Existem muitas outras ressonâncias possíveis que não só esse tipo. Além do mais, se estamos falando de planetas que tenham vida, estamos falando de planetas com atmosferas. Um planeta com atmosfera leva o calor do hemisfério iluminado para o não iluminado e redistribui a temperatura. Então não se trata apenas de lado quente e lado frio. A coisa é muito mais moderada.

E vamos dar uma olhada então nos planetas mais distantes, que se poderia imaginar frios demais para sustentar a vida. A idéia não leva em conta o chamado efeito estufa, a manutenção das emissões infravermelhas pelas atmosferas do planeta. Pensemos em Netuno, que fica a trinta unidades astronômicas do Sol, portanto é possível calcular que ele receba quase mil vezes menos luz solar. E ainda assim há um lugar na atmosfera de Netuno que dá para ver, pelas ondas de rádio, que é tão quentinho quanto este confortável recinto em que estou. Assim, o que aconteceu é que um argumento foi apresentado, mas sem detalhamento suficiente. Não foi analisado com a atenção necessária. E aposto que vai acontecer o mesmo com alguns dos outros exemplos que apresento.

A segunda possibilidade é que exista algum princípio até agora não descoberto, que conecte vários aspectos aparentemente desconectados do universo, do mesmo modo que a seleção natural forneceu uma solução totalmente inesperada para um problema que parecia não ter nenhuma solução concebível.

E, em terceiro lugar, há a idéia dos muitos mundos, ou muitos universos. E era isso que eu tinha em mente quando a princípio falei de história. Quer dizer, se a cada microinstante de tempo o universo se divide em universos alternativos, em que as coisas acontecem de modo diferente, e se existe no mesmo momento uma série imensamente grande, talvez infinitamente grande de outros universos com outras leis da natureza e outras constantes, então nossa existência não é tão impressionante assim. Existem todos esses outros universos em que não há vida. Só calhamos, por acidente, de estar em um que tenha. É um pouco como uma mão vencedora no bridge. A chance de, digamos, receber doze cartas de espadas é uma probabilidade absurdamente pequena. Mas é tão provável como receber qualquer outra combinação de cartas, portanto, se jogarmos tempo suficiente, algum universo terá que ter nossas leis naturais.

Acredito que estejamos contemplando a projeção de uma área muito inexplorada sobre o mesmo tipo de esperança e medo humanos que caracterizaram toda história do debate copérnico.

Gostaria de dizer duas coisas finais. Uma é que, se a versão mais forte do princípio antrópico for verdadeira, ou seja, que Deus — é bom dar nome aos bois — criou o universo de forma que os seres humanos acabariam surgindo, precisamos então perguntar: o que acontece se os seres humanos se autodestruírem? Isso deixaria todo exercício meio sem sentido. Então, se acreditássemos na versão mais forte, teríamos que concluir: a) não foi um Deus onipotente e onisciente que criou o universo, isto é, Ele era um engenheiro cósmico incompetente ou b) os seres humanos não vão se autodestruir. As duas alternativas me parecem interessantes, e valeria a pena saber. Mas há um fatalismo perigoso à espreita no segundo braço dessa bifurcação do caminho.

Gostaria de concluir, então, com alguns versos de Rupert Brooke, uma poesia chamada "Céu".

> *Os peixes (barriga cheia de moscas, junho profundo,*
> *Passando o tempo na tarde molhada)*
> *Meditam sabedorias, obscuras ou claras,*
> *Cada esperança e medo secretos.*

Os peixes dizem: eles têm seu Riacho e seu Lago;
Mas haverá alguma coisa Além?
Esta vida não pode ser Tudo, juram,
Pois que desagradável se fosse!

Não se deve duvidar que, uma hora, o Bem
Nascerá da Água e do Lodo;
E o olho reverente terá de ver
Um Propósito na Liqüescência.

Sabemos misteriosamente, com Fé dizemos,
O futuro não é o Seco Absoluto.
Do lodo ao lodo! — A Morte fecha o cerco —
Não é aqui o Fim, não é!

Mas em algum lugar, além do Tempo e do Espaço,
A água é mais molhada, o limo mais limoso!
E lá (confiavam) nadava Aquele,
Que nadou onde os rios surgiram,

Imenso, forma e mente peixais,
Escamoso, onipotente e bom;
E sob a Todo-Poderosa Escama,
Os menores peixinhos ficarão.

Oh! Jamais a mosca esconde o anzol,
Dizem os peixes, no Riacho Eterno,
Mas há lá ervas incríveis,
E lodo, celestialmente abundante;

Lagartas gordas flutuam,
E larvas paradisíacas;

Mariposas eternas, moscas imortais,
E o verme que nunca morre.

E naquele Céu tão desejado,
Dizem os peixes, terra não haverá. *

* "Heaven": "fish (fly-replete, in depth of June, / Dawdling away their wat'ry noon) / Ponder deep wisdom, dark or clear, / Each secret fishy hope of fear. // Fish say, they have their Stream and Pond; / But is there anything Beyond? / This life cannot be All, they swear, / For how unpleasant, if it were! // One may not doubt that, somehow, Good / Shall come of Water and of Mud; / And, sure, the reverent eye must see / A Purpose in Liquidity. // We darkly know, by Faith we cry, / The future is not Whooly Dry. / Mud unto mud! —Death eddies near— / Not here the appointed End, not here! // But somewhere, beyond Space and Time / Is wetter water, slimier slime! / And there (they trust) there swimmeth One / Who swam ere rivers were begun, // Immense, of fishy form and mind, / Squamous, omnipotent, and kind; / And under that Almighty Fin, / The littlest fish may enter in. // Oh! never fly conceals a hook, / Fish say, in the Eternal Brook, / But more than mundane weeds are there, / And mud, celestially fair; // Fat caterpillars drift around, / And Paradisal grubs are found; / Unfading moths, immortal flies, / And the worm that never dies. // And in that Heaven of all their wish, / There shall be no more land, say fish."

3. O universo orgânico

Era uma vez um tempo em que as melhores cabeças da espécie humana acreditavam que os planetas estavam ligados a esferas de cristal, o que explicava seu movimento, tanto em termos diários como em períodos mais longos. Sabemos hoje que por várias razões isso não é verdade, e uma delas é que a teoria de Copérnico explica o movimento que observamos com maior precisão e com um investimento mais modesto de hipóteses. Mas também sabemos que não é verdade porque enviamos para as regiões mais distantes do sistema solar naves espaciais dotadas de detectores acústicos de micrometeoritos — e não houve nenhum som de cristal quando a nave passou pelas órbitas de Marte, ou Júpiter, ou Saturno. Temos fortes evidências de que não há esferas de cristal. É claro que Copérnico não tinha essas evidências, mas mesmo assim sua abordagem mais indireta foi totalmente validada. Quando se acreditava na existência delas, como se moviam essas esferas? Moviam-se sozinhas? Não. Tanto nos tempos clássicos como nos medievais, especulava-se que deuses ou anjos as impulsionassem, dando um empurrãozinho nelas de vez em quando.

A superestrutura gravitacional newtoniana trocou os anjos por GMm/r^2, um pouquinho mais abstrato. E, no curso dessa transformação, os deuses e anjos foram relegados a tempos mais remotos e a punhados de causalidade mais distantes. A história da ciência nos últimos cinco séculos fez muito isso, afastando diversas vezes a microintervenção divina das questões terrenas. Antes o florescimento de cada planta devia-se à intervenção direta da Divindade. Hoje entendemos um pouco sobre os hormônios das plantas e o fototropismo, e praticamente ninguém imagina que Deus dê ordens diretas para que cada flor se abra.

Assim, conforme a ciência avança, parece haver cada vez menos coisas para Deus fazer. É um universo enorme, é claro, portanto Ele, ou Ela, poderia ter utilidade em muitos lugares. Mas o que claramente vem acontecendo é que está evoluindo diante de nós um Deus das Lacunas; isto é, o que não conseguimos explicar é atribuído a Deus. Depois de um tempo, achamos a explicação, e a coisa deixa de fazer parte do domínio divino. Os teólogos abrem mão dela, que, na divisão de tarefas, passa para o lado da ciência.

Já vimos isso acontecer muitas vezes. Então o que aconteceu foi que Deus mudou — se existe mesmo um Deus do tipo ocidental, estou, é claro, falando apenas metaforicamente —, Deus evoluiu para o que os franceses chamam de *un roi fainéant* — um rei que não faz nada —, que cria o universo, estabelece as leis da natureza e aí se aposenta, indo para algum outro lugar. Isso não está muito distante da idéia aristotélica do primeiro motor imóvel, exceto pelo fato de que Aristóteles tinha dúzias de primeiros motores imóveis, e ele achava que se tratava de um argumento a favor do politeísmo, o que hoje é freqüentemente negligenciado.

Gostaria de descrever uma das lacunas mais importantes que está no processo de ser preenchida. (Não dá para dizer com certeza se ela já foi totalmente preenchida.) E ela tem a ver com a origem da vida.

Existiu, e em alguns lugares ainda existe, uma controvérsia muito intensa sobre a evolução da vida, sobre a sugestão escandalosa de que os humanos são parentes próximos de outros animais e especialmente dos primatas, de que tivemos um ancestral que seria, se o encontrássemos na rua, indistinguível de um macaco. Dedicou-se uma atenção enorme ao processo evolutivo, que, como tentei mostrar previamente, tem o tempo como principal empecilho para não ser intuitivamente óbvio. O período de tempo disponível para a origem e a evolução da vida é tão maior do que o tempo de vida de um ser humano que processos que acontecem num ritmo lento demais para serem vistos durante o tempo de vida de um ser humano podem mesmo assim ser dominantes depois de 4 bilhões de anos.

Um jeito de pensar isso, aliás, é o seguinte: imaginem que o seu pai ou a sua mãe — vamos escolher o pai, para definir as coisas — entre nesta sala no ritmo normal do caminhar humano. E imaginem que logo atrás dele venha o pai *dele*. E logo atrás, o pai do pai. Quanto tempo teremos que esperar para que entre pela porta uma criatura que ande normalmente em quatro patas? A resposta é uma semana. No desfile de ancestrais andando no ritmo normal de caminhada, levaria só uma semana para que conseguíssemos ver um quadrúpede. E nossos ancestrais quadrúpedes estão, afinal de contas, apenas algumas dezenas de milhões de anos atrás, e isso é 1% do tempo geológico. Portanto, existem muitas formas diferentes de calibrar o imenso panorama do tempo que foi necessário para que a complexidade e a beleza do mundo natural evoluíssem, e essa é uma delas.

As evidências da evolução estão por todo lado, e não vou gastar muito tempo nisso aqui. Mas só para lembrar. A peça central são, claro, os registros fósseis. Temos aqui uma correlação de estratos geológicos identificáveis e datáveis por métodos radioativos, entre outros — com fósseis, restos mortais, partes sólidas —, de organismos na maior parte extintos.

Se vocês olhassem para uma coluna sedimentar intacta, os restos mortais de seres humanos só estariam nas camadas bem superiores. Quanto mais se escava, mais longe no tempo se vai. E ninguém jamais encontrou restos de um ser humano lá embaixo no Jurássico ou no Cambriano, nem em nenhum dos períodos geológicos que não os mais recentes — os últimos milhões de anos. E, da mesma forma, muitos organismos foram absolutamente dominantes e abundantes no mundo inteiro por períodos enormes e se extinguiram, jamais tendo sido vistos nas colunas sedimentares mais elevadas. Os trilobitas são um exemplo. Eles caçavam em bandos no fundo dos mares. Eram extremamente abundantes, e não existiu mais nenhum na Terra desde o Permiano. Na verdade, de longe a maioria das espécies de vida que já existiram está hoje extinta. A extinção é a regra. A sobrevivência é a exceção.

Quando analisamos os registros fósseis, fica claro que alguns organismos têm semelhanças anatômicas contundentes com outros. Outros são mais diferentes. Existe uma espécie de árvore evolutiva taxonômica que tem sido desenhada a grande custo há mais de um século. Mas nos últimos tempos tornou-se possível procurar fósseis químicos — examinar a bioquímica dos organismos que estão vivos hoje —, e estamos começando a saber um pouco sobre a bioquímica dos organismos extintos, pois uma parte de sua matéria orgânica pode ser recuperada. E nesse ponto há uma correlação extraordinária entre o que dizem os anatomistas e o que dizem os biólogos moleculares. Assim, a estrutura óssea de chimpanzés e seres humanos é incrivelmente parecida. E então se analisam suas moléculas de hemoglobina, e elas são incrivelmente parecidas. A diferença é de apenas um aminoácido entre centenas, entre as hemoglobinas dos chimpanzés e as dos seres humanos.

Na verdade, quando se analisa a vida na Terra em termos mais gerais, percebe-se que tudo é o mesmo tipo de vida. Não existem tipos diferentes; há apenas um tipo. Ele usa cerca de cinqüenta blocos de construção biológicos fundamentais, as moléculas orgânicas. (Aliás, quando uso a palavra *orgânica*, isso não implica necessariamente origem biológica. Só quero dizer, quando digo orgânico, que se trata de uma molécula com base no carbono que seja mais complicada do que CO e CO_2.)

Com algumas exceções pouco importantes, todos os organismos na Terra usam um tipo específico de molécula chamado proteína, como catalisador, uma enzima, para controlar a velocidade e a direção da química da vida. Todos os organismos na Terra usam um tipo de molécula chamado ácido nucléico para codificar a informação hereditária e reproduzi-la na geração seguinte. Todos os organismos na Terra usam um livro de códigos idêntico para traduzir a língua do ácido nucléico para a língua da proteína. E, embora haja claramente algumas diferenças entre, por exemplo, mim e um fungo amebóide, em termos básicos somos parentes tremendamente próximos. A lição é: não julgue um livro pela capa. No nível molecular, somos todos praticamente idênticos.

Isso levanta dúvidas interessantes sobre se temos alguma idéia da possível variedade de vida que pode existir em outro lugar. Estamos presos num só exemplo e não temos a imaginação necessária para adivinhar nem mesmo de que outro jeito a vida possa existir, quando pode haver milhares ou milhões de jeitos. Certamente ninguém deduziu a partir da química teórica fundamental a existência e a função dos ácidos nucléicos, e eles estão por todo lado, nós mesmos somos feitos deles.

Como foi então que essas poucas moléculas específicas, de um espectro enorme de moléculas orgânicas possíveis, determinaram toda vida na Terra? Há duas possibilidades principais e uma série de propostas intermediárias. Uma possibilidade é que essas moléculas tenham sido produzidas, por algum motivo, de forma preferencial, em grande abundância, no princípio da história da Terra, portanto a vida só usou o que estava por ali.

A outra possibilidade é que essas moléculas tenham propriedades especiais que não sejam apenas relevantes, mas também essenciais à vida, e assim elas foram gradativamente desenvolvidas por sistemas vivos ou preferencialmente transferidas por eles de uma solução diluída para uma solução concentrada. E, como eu disse, há uma série de possibilidades intermediárias.

Seria um erro dizer que a origem das proteínas e dos ácidos nucléicos é idêntica à origem da vida. Mas sabe-se em laboratório que os ácidos nucléicos se replicam e até replicam as próprias mudanças a partir de blocos de construção plausíveis no meio. É verdade que em laboratório é necessária uma enzima para que essa reação ocorra, mas essa enzima determina a velocidade e não a direção da reação química, portanto ela só nos mostra o que aconteceria se estivéssemos dispostos a esperar tempo suficiente. E com certeza houve tempo de sobra para a origem da vida, coisa à qual também vou voltar.

É certamente concebível que o que temos hoje seja bem diferente do que existia na época da origem da vida. Temos hoje um tipo de vida muito sofisticado, que evoluiu pela seleção natural, e que se baseou numa coisa muito mais simples, muito mais antiga. Já se sugeriu que o "mais simples" possa na verdade ter sido principalmente inorgânico, ou pode ter sido orgânico; não há como ter certeza. Mas uma coisa sem dúvida interessa para a origem da vida — alguns diriam ser essencial —, entender de onde vieram os blocos de construção moleculares que estão presentes em todos os seres vivos hoje.

Chegamos então à questão das moléculas orgânicas. Elas são encontradas na Terra, é claro, mas, como a Terra está cheia de vida, não temos um experimento limpo. Não sabemos, ou pelo menos não é imediatamente óbvio, quais moléculas orgâncias que vemos na Terra estão aqui por causa da vida e quais estariam aqui mesmo que não houvesse vida. E praticamente todas as moléculas orgânicas que vemos em nosso cotidiano têm origem biológica. Se vocês quiserem saber alguma coisa sobre a química orgânica na Terra antes da origem da vida, uma boa idéia é dar uma olhada em outro lugar que não aqui.

A idéia da matéria orgânica extraterrestre é importante não só por esse motivo, mas também porque ela nos diz algo relevante no mínimo sobre a probabilidade da existência da vida extraterrestre. Se não houver nenhum sinal de moléculas orgânicas em outros lugares, ou se elas forem extremamente raras, isso poderá levar à conclusão de que a vida fora daqui é extremamente rara. Se vocês virem o universo transbordando de matéria orgânica, pelo menos esse pré-requisito para a vida extraterrestre estará preenchido. Então é uma questão importante. É uma questão em que tem havido progressos extraordinários desde o início dos anos 1950, e ela nos traz revelações, creio, se não em termos essenciais pelo menos em termos tangenciais, sobre nossas origens.

O astrônomo sir William Huggins assustou o mundo em 1910. Ele cuidava da vida dele, estudando astronomia, mas em conseqüência da sua astronomia (o trabalho de que estou falando foi feito no último terço do século XIX) houve pânico nacional no Japão, na Rússia e em boa parte do sul e do meio oeste dos Estados Unidos. Cem mil pessoas subiram de pijama em seus telhados em Constantinopla. O papa divulgou uma declaração condenando o acúmulo de cilindros de oxigênio em Roma. E gente no mundo todo cometeu suicídio. Tudo por causa do trabalho de sir William Huggins. Bem poucos cientistas podem se gabar de feitos assim. Pelo menos até a invenção das armas nucleares. O que exatamente ele fez? Bem, Huggins foi um dos primeiros espectroscopistas astronômicos.

fig. 20

Esta é a coma de um cometa — a nuvem de gás e poeira que cerca o núcleo congelado do cometa quando ele entra no sistema solar interior. Huggins usou um espectroscópio para decompor a luz de um cometa nas freqüências que a constituíam. Algumas freqüências da luz estão preferencialmente presentes, e a partir delas é possível deduzir um pouco da química do material do cometa. Essa aplicação da espectroscopia estelar já era bastante bem-sucedida uma ou duas décadas antes de Huggins voltar sua atenção para os cometas. (Huggins também deu contribuições importantes para a compreensão da química das estrelas.)

Esta imagem de quatro espectros foi tirada de uma das publicações de Huggins. Estes são comprimentos de onda de luz na parte visível do espectro à qual o olho é sensível. Embaixo está o espectro de um cometa de 1868, chamado Brorsen. Acima dele está o espectro de um outro cometa de 1868, chamado Winnecke II. E no alto está o espectro do azeite de oliva.

Vocês podem ver que o cometa Winnecke se parece mais com o azeite do que com o cometa Brorsen. Ninguém, porém, deduziu a existência de azeite nos cometas. (Teria sido uma descoberta importante se pudesse ser feita.) Em vez disso, o que essa semelhança mostra é que um fragmento molecular, o carbono diatômico ou C_2 — dois carbonos juntos —, está presente quando se olha para o espectro dos cometas e também quando se olha para um gás natural e para o vapor proveniente do azeite aquecido. É a descoberta de uma molécula orgânica, não muito conhecida na Terra por causa de sua instabilidade quando colide com outras moléculas. Ela exige algo próximo de um alto vácuo, o que não acontece naturalmente na superfície da Terra. Nos arredores de uma coma cometária, há alto vácuo suficente para que o C_2 não seja destruído; então aí está: a primeira descoberta de uma molécula orgânica extraterrestre. E não temos grande intimidade com ela.

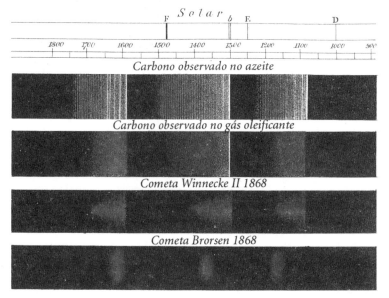

fig. 21

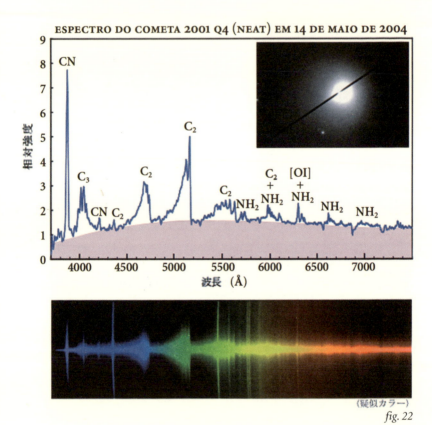
fig. 22

Aqui está o espectro cometário moderno típico, e podemos ver as faixas proeminentes de C_2 e outras coisas também. Vemos a NH_2, a amina que é produzida pela dissociação da amônia (NH_3), e que é também o grupo molecular dos aminoácidos, os blocos que constroem a proteína. E vemos aqui o fragmento molecular que causou toda a confusão, o CN, o nitrilo ou molécula do cianeto.

Um único grãozinho de cianeto de potássio na língua mata um ser humano na hora. A descoberta de cianeto nos cometas deixou as pessoas preocupadas.

Especialmente quando, em 1910, parecia que a Terra passaria através da cauda do cometa Halley. Os astrônomos tentaram acalmar as pessoas. Disseram que não estava claro se a Terra passaria através da cauda e, mesmo se a Terra passasse pela cauda, a densidade das moléculas de CN era tão pequena que tudo daria certo. Mas ninguém acreditou nos astrônomos.

Talvez a Terra tenha mesmo passado pela borda da cauda. De qualquer maneira, o cometa veio e foi embora, ninguém morreu, e na realidade ninguém conseguiu detectar nenhuma molécula a mais de CN em nenhum ponto da Terra. William Huggins, no entanto, morreu na época em que o cometa passou — mas não envenenado por cianeto.

Quando observamos um cometa de perto, há um núcleo pequenininho, o corpo sólido que constitui o cometa em todos os lugares, exceto quando ele está muito próximo do Sol. O núcleo gelado costuma ter só uns poucos quilômetros — mas, quando chega perto do Sol, o núcleo gelado gera principalmente vapor de água e produz a coma e uma linda e longa cauda.

Pensem nas moléculas de que acabei de falar: CN, C_2, C_3, NH_2. Quais são suas moléculas-mães? De onde vieram? Há alguns precursores. Vemos apenas fragmentos que foram arrancados de uma molécula maior pela luz ultravioleta do Sol e do vento solar. Fica claro que existe um depósito de moléculas bem mais complexas — moléculas orgânicas bem mais complexas — que fazem parte do núcleo nuclear, mas que ainda não foram descobertas.

Estudos radioastronômicos já encontraram HCN (cianeto de hidrogênio) e CH_3CN (acetonitrilo) em pelo menos um cometa. E essas são moléculas orgânicas interessantes que, de outras formas, estão envolvidas na origem da vida na Terra.

Imaginem diante do seu nariz o ar grandemente ampliado, digamos em 10 milhões de vezes. Vocês veriam uma miríade de

fig. 23

moléculas, moléculas de nitrogênio e oxigênio, e moléculas ocasionais de vapor de água e de dióxido de carbono. O ar, como vocês sabem, é principalmente oxigênio e nitrogênio. Agora, se separarmos um pouco de ar e o resfriarmos, vamos condensar progressivamente suas várias moléculas. A água vai condensar primeiro, o dióxido de carbono em seguida, o oxigênio e o nitrogênio muito depois, em temperaturas muito mais baixas.

Imaginemos a condensação da molécula de água. Quando a condensação acontece, não é que as moléculas de água caem do ar de qualquer jeito. Na realidade, elas formam uma linda estrutura de cristal hexagonal, que se repete no cristal de gelo, ou floco de neve, ou no que quer que seja. Outras moléculas se condensam em temperaturas muito mais altas, como a sílica, por exemplo (dióxido de sílica), que também forma uma estrutura de cristal.

Voltemos à nebulosa solar, a partir da qual, como já dissemos, o sistema solar quase com certeza se formou, com um proto-sol no centro e as temperaturas declinando conforme nos afastamos do Sol. Agora temos que imaginar isso como uma mistura de materiais abundantes no cosmos, entre eles água (H_2O, que sabemos, pela análise espectroscópica de imagens astronômicas, ser muito abundante), metano (CH_4; sabemos que é muito abundante) e sílica (SiO_2, sabemos que é muito abundante), e o que acontece é que, a distâncias diferentes do Sol, materiais diferentes se condensam, porque têm pressões de vapor ou pontos de fusão diferentes. E o que vemos é (adivinhem!) que a água se condensa mais ou menos na altura da Terra, enquanto os silicatos se condensam mais perto do Sol, portanto não se deve esperar encontrar silicatos líquidos ou gasosos sob condições planetárias, nem mesmo na órbita de Mercúrio. Ao mesmo tempo, precisamos ir até algum ponto perto de Saturno para que o metano se condense. Ora, o metano é provavelmente a principal molécula com carbono do cosmos, e o que isso mostra é que nos estágios iniciais da formação da nebulosa solar deve ter havido uma condensação preferencial de metano nas partes mais afastadas do sistema solar, mas não na parte interna. E, se isso for verdade em termos gerais, devemos esperar que haja mais matéria orgânica nas áreas mais afastadas e muito menos no nosso quintal.

Bem, certamente não há grandes quantidades de metano na Lua ou em Mercúrio. Mas, quando chegamos à órbita de Saturno, começamos a encontrar não apenas evidências de metano — os planetas Júpiter, Saturno, Urano e Netuno têm bastante metano em seus espectros —, mas também encontramos um conjunto de dados que são fortes implicações da presença de moléculas orgânicas complexas nas áreas mais afastadas do sistema solar.

Esta é uma foto de Jápeto, uma das luas de Saturno. A área cinza não está na sombra. Há na verdade uma divisão notável em uma superfície hemisférica de material escuro e o outro hemisfério em material claro. E a assinatura espectral de água congelada está presente nas áreas claras.

Não voamos muito perto de Jápeto, nem com a *Voyager 1* nem com a *Voyager 2*. Achamos que isso é matéria orgânica. É bem escura. No centro dessa coisa escura, o albedo, a refletividade, é de algo como 3%. Não tenho como ter certeza, mas desconfio que não há nada na sala em que vocês estão sentados que seja tão escuro a ponto de ter um albedo de 3%. Além disso, é avermelhado. Isto é, não reflete muita luz, mas reflete mais luz na parte vermelha do que na parte azul do espectro visível. E os valores do albedo e a cor não são compatíveis com uma grande variedade de outros materiais que poderíamos imaginar que fossem — vários sais, por exemplo. São bastante compatíveis com diversos tipos de matéria orgânica complexa. Sabemos que há matéria orgânica complexa no espaço. Dei a vocês um argumento com os cometas. Outro argumento é uma categoria de meteoritos chamados meteoritos carbonáceos que caem na Terra, e eles chegam a ter até 10% de matéria orgânica complexa.

fig. 24

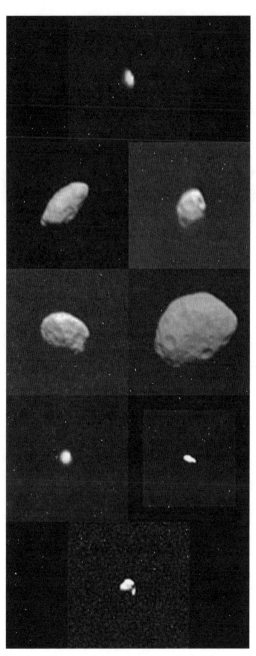

fig. 25

Este é um retrato de família de algumas das pequenas luas de Saturno. Todas elas foram descobertas pela nave *Voyager*. Nenhuma era conhecida até então. As menores têm talvez dez quilômetros. A maior pode ter até cem quilômetros. São pequenos mundos, e todos são escuros e vermelhos como Jápeto.

Estes são anéis de Urano. Vocês podem achar que a foto não é muito boa, mas custou um bocado consegui-la. A foto foi tirada a 2,2 mícrons, na parte infravermelha do espectro. Sabe-se que esses anéis são bem diferentes dos anéis de Saturno. São mais finos, mais suaves, e pretos, sugerindo de novo a prevalência de matéria escura, avermelhada, presumivelmente orgânica no sistema solar mais distante.

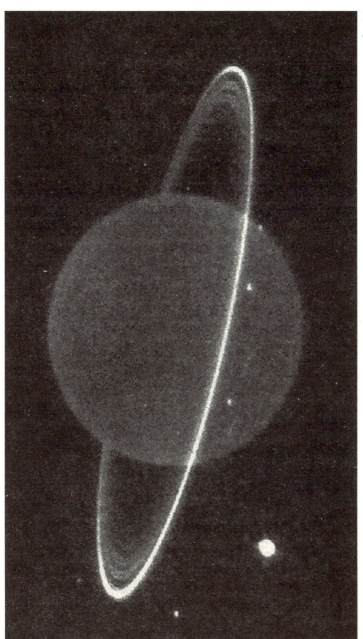

fig. 26

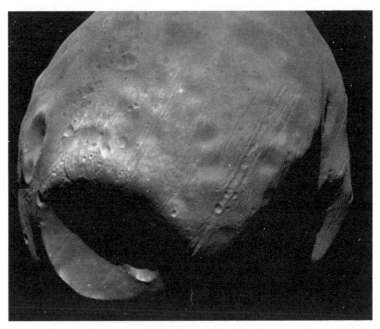

fig. 27

Já esta não se encontra no sistema solar mais distante. É Fobos, a lua mais próxima de Marte, que pode ou não ser um asteróide capturado de longe no sistema solar, e também ela tem essa composição escura e avermelhada. Sua densidade média é conhecida, e é compatível com a matéria orgânica.

Deimos é a lua marciana mais exterior. Apesar de sua aparência diferente da de Fobos, ela também é bem escura, bem vermelha, a mesma história.

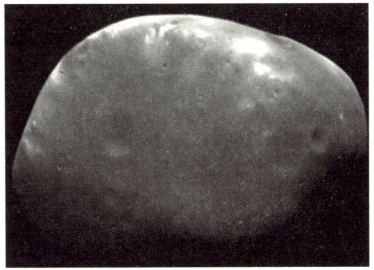

fig. 28

fig. 29

E devo mencionar que mesmo Marte, em torno do qual orbitam Fobos e Deimos (toda aquela pedreira é Marte, e o instrumento em primeiro plano é o módulo de pouso da *Viking 1*), pelo menos nos dois lugares onde pousamos com a *Viking 1* e a *Viking 2*, não demonstra nem um pouquinho de matéria orgânica. Retomarei a exploração marciana mais tarde, mas quero ressaltar que os limites da presença de matéria orgânica em Marte são muito baixos. Não há nem uma parte para 1 milhão de moléculas orgânicas simples, e nem uma parte para 1 bilhão de moléculas orgânicas complexas. Marte é muito seco, desprovido de matéria orgânica, e mesmo assim essas duas luas que podem ser totalmente feitas de matéria orgânica estão em sua órbita. É um dilema interessante. Estas são duas valas cavadas por esse braço de amostras no solo marciano. Assim, coletamos material da subsuperfície e o levamos para a nave, e o examinamos com um espectrômetro de massa/cromatógrafo de gás em busca de matéria orgânica, e não havia.

Quero prosseguir com a história sobre a matéria orgânica no sistema solar mais distante. E a melhor história de longe, aquela sobre a qual temos mais informações, embora ela ainda seja bastante limitada, é a de Titã. Titã é a maior lua do sistema de Saturno. Ela é notável por muitos motivos, e o que mais chama a atenção é que é a única lua no sistema solar com significativa atmosfera. A pressão da superfície de Titã (sabemos pela *Voyager 1*) é de cerca de 1,6 bars, ou seja, cerca de 1,6 vez a da sala em que estou enquanto escrevo isto.

Como a aceleração devida à gravidade é em Titã de cerca de um sexto do que é aqui na Terra, há dez vezes mais gás na atmosfera titânica do que na atmosfera terrestre, que é uma atmosfera substancial.

Entre as moléculas orgânicas encontradas na fase gasosa da atmosfera de Titã pelas sondas *Voyager 1* e *2* estão o cianeto de hidrogênio (HCN, do qual já falamos), o cianoacetileno, o butadieno, o cianogênio (dois CN juntos), o propileno, o propano (que conhecemos), o acetileno, o etano, o etileno (todos esses componentes do gás natural). Metano também. E o principal componente da atmosfera, tanto lá como aqui, é o nitrogênio molecular.

Acho interessantíssimo que exista um mundo no sistema solar mais distante coalhado daquilo que compõe a vida. E podemos calcular, pela taxa atual em que esses materiais estão se formando em Titã, quanto disso se acumulou durante a história do sistema solar. A resposta é o equivalente a uma camada de no mínimo centenas de metros de espessura envolvendo toda Titã, talvez com quilômetros de espessura. A diferença depende de por quanto tempo um comprimento de onda de luz ultravioleta pode ser usado para esses experimentos sintéticos. E, aliás, há também uma série de evidências interessantes de que existe um oceano de hidrocarboneto líquido na superfície de Titã*. Então pensem

---

* Em julho de 2006, a Nasa anunciou que a sonda espacial *Cassini*, que estava no sistema de Saturno, observou evidências de vários grandes lagos de hidrocarbonetos líquidos em Titã.

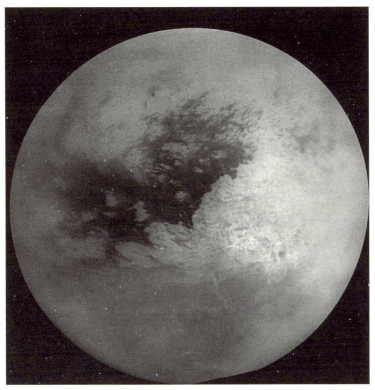

fig. 30

fig. 31

naquele ambiente. Há terra; provavelmente há oceano. E a terra está coberta por esse adubo que cai dos céus. Há sob esse oceano um depósito submarino de etano e metano líquido com mais dessa matéria complexa, e mais fundo ainda há metano congelado e água congelada, e assim por diante. Esse é um mundo que vale a pena visitar. O que aconteceu com tudo isso nos últimos 4,6 bilhões de anos? Até onde ele chegou? Quão complexas são as moléculas? O que acontece quando um evento externo ou interno ocasional aquece as coisas em determinado local e derrete um pouco de gelo, criando água líquida? Titã é um mundo que pede uma exploração detalhada, e parece ser um experimento em escala planetária das etapas iniciais que aqui na Terra levaram à origem da vida, mas que lá em Titã estavam muito provavelmente congeladas, literalmente, nas fases mais iniciais, por causa da indisponibilidade geral da água líquida.

Da mesma maneira, há uma variedade impressionante de estudos — principalmente nas últimas duas décadas — sobre a matéria orgânica interestelar: não apenas uma infinidade de mundos em nosso sistema solar, mas também os espaços frios e escuros entre as estrelas também estão carregados de moléculas orgânicas.

Estamos olhando para o centro da galáxia, na direção da constelação de Sagitário. Vê-se um conjunto de nuvens escuras, algumas bem grandes, outras muito menores. Foi nessas nuvens moleculares gigantes que mais de cinqüenta tipos de moléculas foram encontradas, a maioria orgânicas. E é exatamente nessas nuvens escuras que, segundo o esperado, acontece o colapso das nebulosas solares, portanto os sistemas solares em formação devem ser compostos, em parte, de matéria orgânica complexa. A conclusão é que os materiais orgânicos complexos estão por todo lado.

Retornemos agora à questão da origem da vida na Terra. O material orgânico pode ter caído durante a formação da Terra, ou pode ter sido gerado *in situ* a partir de materiais mais simples da Terra, como ocorreu em Titã. Por enquanto não há como avaliar a colaboração relativa de cada uma dessas duas fontes. O que parece claro é que qualquer uma das duas fontes seria suficiente — adequada.

A Terra formou-se a partir do colapso de agrupamentos de matéria do tipo que já mencionamos, condensadas da nebulosa solar. Portanto, em seus estágios finais de formação, ela coletou objetos que colidiam com ela em alta velocidade e produziam uma série de eventos catastróficos, incluindo o derretimento de boa parte da superfície. Não era um ambiente lá muito bom para a origem da vida, como vocês devem ter desconfiado. Mas, depois de um tempo, quando o recolhimento dos destroços no sistema solar estava mais ou menos concluído, a água, trazida de fora ou emitida do interior, começou a se formar na superfície, preenchendo as crateras dos impactos. E ainda havia um pouco de material caindo do espaço. Ao mesmo tempo, descargas elétricas e a luz ultravioleta do Sol, além de outras fontes de energia, produziam matéria orgânica localmente.

fig. 32

A quantidade de matéria orgânica que pode ter sido produzida nas primeiras centenas de milhões de anos da história da Terra era suficiente para ter produzido no oceano atual uma solução com grande porcentagem de matéria orgânica. É mais ou menos a diluição da canja de galinha Knorr, e não muito diferente na composição. E todo mundo sabe que canja faz bem para a vida. Na realidade, é só nessa sopa morna e diluída, nas palavras de J. B. S. Haldane, uma das duas primeiras pessoas a perceber que essa seqüência de acontecimentos era plausível, que ocorre a origem da vida no cenário padrão.

Em laboratório, podemos separar moléculas de água, amônia e metano — bem parecidas com as de que acabamos de falar para Titã — e dissociá-las pela luz ultravioleta. Os fragmentos formam um conjunto de moléculas precursoras, incluindo o cianeto de hidrogênio, que então se combinam e, na água, formam os aminoácidos. Nesses experimentos em geral se produz não só os blocos de construção das proteínas mas também os blocos de construção dos ácidos nucléicos. Há uma série de experimentos subseqüentes, em que os blocos moleculares menores se unem para formar moléculas grandes e complexas.

Se observarmos os registros fósseis, veremos que existem várias evidências de microfósseis que datam não só do início do Cambriano, mas que remontam a até 3,5 bilhões de anos atrás.

Pensem nesses números. A Terra formou-se há cerca de 4,6 bilhões de anos. Devido aos estágios finais da acreação, sabemos que o ambiente da Terra não era adequado à origem da vida naquela época. Pelos estudos sobre o surgimento tardio das crateras na Lua, parece — já que a Terra e a Lua estavam presumivelmente na mesma parte no sistema solar, como hoje — que a Terra só ficou num estado adequado para a origem da vida há talvez 4 bilhões de anos. Assim, se a Terra não era apropriada para a origem da vida até 4 bilhões de anos atrás e os primeiros fósseis são de cerca de 3,5 bilhões de anos atrás, então eles estão a apenas 500 milhões de anos da origem da vida. Mas esses fósseis mais antigos não são de maneira nenhuma organismos extremamente simples. São, na verdade, estromatólitos coloniais algais, e muita evolução teve que acontecer antes deles. E isso mostra que a origem da vida aconteceu em significativamente menos de 500 milhões de anos. Deve ter acontecido bem rápido. Um processo que acontece rápido é um processo que em certo sentido é provável. Quanto mais rápido acontece, mais provável é. Há uma dificuldade em extrapolar a partir de um único caso; mesmo assim essa evidência sugere que a origem da vida foi de certa forma fácil, de certa forma apoiada nas leis da física e da química. E, se isso for verdade, é um fato muito importante para se analisar a vida extraterrestre.

Há uma objeção clássica a esse tipo de argumento sobre a origem da vida. Pelo que sei, essa objeção foi apresentada pela primeira vez por Pierre Lecompte du Noüy num livro de 1947 chamado *Destino humano* e costuma ser redescoberta a cada meia década. É mais ou menos assim: pensem em algumas moléculas biológicas. Não em todas. Vamos dar aos evolucionistas o benefício da dúvida. Vamos supor uma coisa pequena, simples, não algo com milhares de aminoácidos. Vamos supor uma enzima com cem aminoácidos. É uma enzima bem modesta. Um jeito de imaginar isso é pensar em uma espécie de colar com cem contas. Há vinte tipos diferentes de contas, e qualquer conta pode estar em qualquer posição. Para reproduzir a molécula com precisão, seria necessário colocar todas as contas — todos os aminoácidos — na molécula na ordem certa. Se vocês estivessem de olhos vendados montando um colar com a mesma quantidade de contas, a chance de colocar a conta certa no primeiro espaço seria de 1 em 20. A chance de colocar a conta certa no segundo lugar também seria de 1 em 20, assim a chance de colocar a conta certa no primeiro e no segundo espaço simultaneamente seria de 1 em 20^2. De colocar as primeiras três corretamente a chance seria de 1 em 20^3, e de colocar todas as cem corretamente seria de 1 em 20^{100}. Bom, 20^{100} é $2^{100} \times 10^{100}$. E, como 2^{10} é mil, que é 10^3, então 2^{100} é 10^{30}, e isso é o mesmo que 10^{130}. Uma chance em 10^{130} de montar as moléculas certas de primeira. Dez à centésima trigésima potência, ou um 1 seguido de 130 zeros, é imensamente maior do que o número total de partículas elementares no universo inteiro, que é de apenas cerca de dez elevado a oitenta (10^{80}).

Imaginemos então que cada estrela no universo possua um sistema planetário como o nosso. Digamos que um planeta tenha oceanos. Suponhamos que os oceanos sejam tão densos como os nossos. Suponhamos que haja uma solução com alguma porcentagem de matéria orgânica em cada um desses oceanos e que em cada volume minúsculo de oceano que tenha moléculas suficientes esteja ocorrendo um experimento uma vez a cada microssegundo para construir essa proteína específica de cem aminoácidos. Assim, no oceano, a cada microssegundo um número enorme desses pequenos experimentos está acontecendo. E exatamente o mesmo está ocorrendo no próximo sistema estelar e no próximo sistema estelar, enchendo uma galáxia inteira. E não apenas naquela galáxia, mas em todas as galáxias do universo. O que descobrimos é que, se essa seqüência de experimentos durasse a história inteira do universo, jamais seria produzida uma molécula de enzima de estrutura predeterminada. E na verdade é pior ainda.

Se fizéssemos o mesmo experimento uma vez a cada tempo de planck, a menor unidade de tempo permitida pela física, ainda não conseguiríamos gerar uma única molécula de hemoglobina, e a partir desse fato muita gente decidiu que Deus existe, porque, do contrário, de que outro jeito poderiam ter sido feitas essas moléculas? Se vocês não tinham ouvido isso antes, não parece um argumento bem convincente? Um belo argumento, certo? Um universo inteiro de experimentos uma vez a cada tempo de planck. Imbatível.

Agora vamos observar de novo. Faz diferença se eu tiver uma molécula de hemoglobina aqui e tirar o ácido aspártico para colocar um glutamínico? Isso faz a molécula funcionar pior? Na maioria dos casos, não. Na maioria dos casos a enzima possui um sítio ativo, que geralmente tem mais ou menos cinco aminoácidos. E é esse sítio que faz as coisas. E o resto das moléculas está comprometido com dobrar a molécula e ligá-la e desligá-la. Não é preciso explicar cem lugares, bastam cinco para fazer as coisas funcionarem. E 20^5 é um número absurdamente pequeno, apenas cerca de 3 milhões. Dá para fazer aqueles experimentos em um oceano até a terça-feira que vem. Mas lembrem o que estamos tentando fazer: não estamos tentando fazer um ser humano do nada, fazer todas as moléculas de um ser humano caírem ao mesmo tempo, juntas, num oceano primitivo para que alguém saia nadando da água. Não é isso que estamos pedindo. O que estamos pedindo é alguma coisa que dê início à vida, para que a peneira imensamente poderosa da seleção natural de Darwin possa começar a escolher os experimentos naturais que funcionem e a incentivá-los, deixando de lado os casos que não funcionam.

Fica claro aqui, como em alguns argumentos dos quais falei ontem, que se deixa de lado um ponto importante nessas aparentes deduções da intervenção divina pela observação do mundo natural. Uma declaração bastante contundente e dramática desse tipo foi feita pelos astrônomos Fred Hoyle e N. C. Wickramasinghe. E a idéia deles, depois de um cálculo nesse espírito, é mais ou menos assim.

Eles dizem que a hipótese de a origem da vida ter acontecido espontaneamente pela interação molecular no oceano primitivo não é mais provável do que a formação espontânea de um Boeing 747 na passagem de um redemoinho por um ferro-velho. É uma imagem forte. Também é uma imagem muito útil, porque, é claro, o Boeing 747 não nasceu prontinho no mundo da aviação; ele é o produto final de uma longa seqüência evolutiva, que, como vocês sabem, remonta ao DC-3 e assim por diante, até chegar ao biplano dos irmãos Wright. E o biplano dos Wright bem que parece ter sido espontaneamente montado por um redemoinho num ferro-velho. Embora eu não esteja criticando a brilhante realização dos irmãos Wright, desde que lembremos que existe essa história evolutiva, fica bem mais fácil entender a origem do primeiro exemplo.

Gostaria de concluir com uma bela amostra de poesia escrita por uma mulher da região rural do Arkansas. O nome dela é Lillie Emery, e ela não é uma poeta profissional, mas escreve para si mesma e escreveu para mim. E um dos poemas dela tem os seguintes versos:

> *Minha raça não saiu mesmo de uma piscina natural, ou saímos?*
> *Deus, preciso acreditar que o senhor me criou:*
> *somos tão pequenos aqui embaixo.**

Acho que há uma verdade bastante ampla manifestada nesse poema por Lillie Emery. Acredito que todo mundo, em algum nível, reconhece esse sentimento. E na verdade, na verdade, se formos mesmo nada mais do que uma montagem intricada de matéria, isso realmente nos rebaixa? Se não há nada além de átomos aqui, será que isso nos faz menores ou faz com que sejamos mais importantes?

---

* My kind didn't really slither out of a tidal pool, did we? / God, I need to believe you created me: / we are so small down here. (N. T.)

4. Inteligência extraterrestre

Houve um tempo em que os anjos circulavam na Terra.
Agora não se acham nem no Céu.

Provérbio iídiche

Se há um contínuo das moléculas que se auto-reproduzem, como o DNA, até os micróbios, e um contínuo da seqüência evolutiva dos micróbios até os seres humanos, por que devemos imaginar que o contínuo pare nos seres humanos? Por que deveria haver um buraco no espectro de seres? E não é meio suspeito o fato de o buraco começar conosco?

Acho interessante que a nossa linguagem não possua termos apropriados para esse tipo de ser. A linguagem teológica possui termos como *anjos*, *semideuses*, *serafins* e assim por diante. E mesmo neste caso é interessante que as expectativas teológicas quanto aos seres superiores aos humanos geralmente representem uma hierarquia de poder, mas não de inteligência. E novamente acho que fica claro como impusemos valores humanos ao universo. É verdade que neste planeta não parece haver seres mais inteligentes do que os humanos, embora se possa defender a tese dos golfinhos ou das baleias; e, pensando bem, se os seres humanos conseguirem se auto-destruir com armas nucleares, dá para defender a tese de que *todos* os outros animais são mais inteligentes do que os seres humanos.

Gostaria de descrever um caso famoso de busca pela inteli-gência extraterrestre — a busca por seres mais avançados do que nós —, um caso de fracasso. Quero explorar os motivos do fracasso, que lições podemos tirar dele, e então passar à busca moderna pela inteligência extraterrestre. Espero ressaltar os pontos em que preci-samos ser extremamente cuidadosos, em que precisamos exigir os padrões mais estritos e rigorosos de evidências, precisamente por-que temos um envolvimento emocional profundo com a resposta. Depois, tentarei usar essa rigidez cética de padrões e aplicá-la mais diretamente à hipótese mais convencional da existência de Deus.

Acho que uma epígrafe igualmente boa para esse assunto seria a seguinte frase dita por John Adams, segundo presidente dos Estados Unidos, mas bem antes de ele ser presidente. Como advo-gado, ele defendeu os soldados britânicos que estavam no banco dos réus nos julgamentos do Massacre de Boston, em dezembro de 1770. E não fez isso porque fosse favorável à causa britânica. Não era. Defendeu seus adversários porque acreditava que a verdade deveria ser buscada acima de tudo. Ele disse: "Fatos são coisas tei-mosas; e, quaisquer que sejam nossos desejos, nossas tendências, ou os ditames de nossas paixões, eles não alteram o estado dos fatos e das evidências". Bem, às vezes alteram, mas esperamos que não.

* * *

O ano é 1877, vamos imaginar. O movimento da Terra em torno do Sol e de Marte em torno do Sol colocou Marte e Terra pró-ximos um do outro, como eles tendem a ficar em intervalos de mais ou menos dezessete anos.

Um astrônomo italiano chamado Giovanni Schiaparelli, observando através de um recém-concluído telescópio na Itália, de abertura bem grande, ao olhar para Marte de repente viu a superfície do planeta revelar uma profusão de detalhes intricados, finos e lineares que um observador posterior descreveu como parecidos com as linhas de um entalhe em aço. Schiaparelli logo chamou essas linhas de *canali*, a palavra italiana para "canais" ou "sulcos". Dá para entender como ela foi traduzida para o inglês como *canals**, uma palavra com clara imputação de design, de inteligência, de obras enormes de engenharia construídas por algum motivo. A idéia dos *canali* de Marte foi retomada por um astrônomo americano chamado Percival Lowell, um bostoniano rico. Lowell construiu um grande observatório, do seu próprio bolso, perto de Flagstaff, Arizona, chamado, evidentemente, Observatório Lowell, para estudar essas marcas.

Lowell estava convencido de que Schiaparelli acertara, que o planeta estava coberto por uma rede de linhas únicas e duplas que se cruzavam, que essas linhas percorriam enormes distâncias, portanto só poderiam corresponder a obras de engenharia, da maior escala imaginável. Outros observadores também acharam os canais; isto é, os desenharam. Fotografá-los era muito mais difícil. O argumento era que a "visão" atmosférica não era confiável, devido à turbulência e à instabilidade intrínsecas da atmosfera da Terra, que normalmente impediam as pessoas de verem os canais. Mas, de vez em quando, ao acaso, a atmosfera estabiliza-se, as correntes turbulentas de ar saem de seu campo de visão na direção de Marte, e por um pequeno instante dá para ver o planeta como ele realmente é, com sua rede de linhas retas. E aí ocorre mais um pouco de turbulência atmosférica e a imagem do planeta brilha, e perdem-se os detalhes. Lowell argumentou que uma foto, cujo

---

* *Canals* ("canalizações"), em oposição a *channels* ("canais"). (N. T.)

tempo de exposição une os raros momentos de boa visão com os momentos muito mais freqüentes de má visão, não revelaria os canais. Mas o olho humano é capaz de lembrar daqueles instantes de visão excelente e rejeitar os outros momentos, muito mais comuns, quando a imagem fica fugidia, borrada e distorcida. E era por isso, defendeu ele, que observadores experientes com habilidade para desenhar o que vissem no telescópio conseguiriam obter resultados que a emulsão fotográfica não conseguiria.

Outros astrônomos, por mais que fizessem, não viram as linhas retas, mas havia várias explicações. Eles não estavam na melhor localização para seus telescópios. Não eram observadores treinados. Não eram desenhistas adequados. Eram parciais e não acreditavam na idéia dos canais de Marte.

Lowell e Schiaparelli não foram os únicos astrônomos a conseguir enxergar os canais. Astrônomos do mundo inteiro os viram, desenharam, mapearam, nomearam. E literalmente centenas de canais isolados foram nomeados.

Havia um ponto de vista que defendia que os canais não estavam na verdade em Marte, que eles representavam uma falha sofisticada da combinação mão-olho-cérebro, que Lowell e seus confrades estavam empolgados demais com a idéia. Lowell, um ótimo expositor popular, desqualificou essas objeções de várias maneiras, e ressaltou a extraordinária semelhança entre os mapas que ele tinha desenhado e os que outros observadores independentes tinham elaborado, como, por exemplo, W. H. Wright, no Observatório Lick. Lowell argumentou que essa convergência de observadores bastante distantes, sem combinação prévia, no mesmo padrão de linhas retas só podia se dever a algo em Marte, e não na Terra. Lowell deduziu, a partir das linhas retas, a existência de uma civilização antiga em Marte, mais avançada do que a nossa, enfrentando uma seca planetária de proporções sem precedentes na Terra. E sua solução tinha sido construir uma vasta rede global de canais para levar a água líquida das calotas polares que se derretiam para os habitantes sedentos das cidades equatoriais. Além disso, era possível concluir, pensou Lowell, algo sobre a política dos marcianos, porque a rede cruzava o planeta inteiro. Portanto, havia um governo mundial em Marte, pelo menos no que dizia respeito à engenharia. E Lowell chegou até a conseguir identificar a capital de Marte, um ponto específico na superfície chamado Solis Lacus, o Lago do Sol, a partir do qual seis ou oito canais diferentes pareciam emanar.

Que linda história. Ela entrou para o imaginário popular, para a literatura folclórica, e foi impressa ainda com mais força na consciência global por *A guerra dos mundos*, de H. G. Wells, pelo conjunto de livros de ficção científica de Edgar Rice Burroughs (o homem que inventou o Tarzan) e, em 1939, por *A guerra dos mundos*, de Orson Welles, transmitida nos Estados Unidos na véspera da invasão nazista à Europa, num momento em que o medo de uma invasão bem terrestre, e não extraterrestre, povoava a cabeça de todo mundo.

E no fim não há nada de canais em Marte. Nenhum. Está tudo errado. É um equívoco. Uma falha da combinação mão-olho-cérebro. A idéia de Lowell evocou uma paixão, uma paixão humana muito compreensível. A visão de seres mais avançados num planeta vizinho, com um governo mundial, lutando para se manterem vivos, era uma idéia maravilhosa. Tão maravilhosa que o desejo de acreditar nela atropelou o escrúpulo do processo investigativo.

O que podemos, então, concluir disso? Bem, podemos concluir que em certo sentido Lowell estava certo, que os canais de Marte são um sinal de vida inteligente. A única dúvida é de que lado do telescópio está a vida inteligente. E, como vemos, a vida inteligente estava do nosso lado do telescópio. Pessoas investiram suas carreiras num fenômeno observável, aparentemente reproduzível por outras pessoas em partes bem diferentes do mundo.

Preocupação e interesse enormes foram gerados no mundo. Esse foi apenas um dos vários argumentos diferentes em defesa da presença de vida inteligente em Marte, e todos eles estão errados.

Se cientistas podem se equivocar tanto com a simples interpretação de dados pouco complicados, do mesmo tipo dos que eles obtêm rotineiramente a partir de outros tipos de objetos astronômicos, quando há muita coisa em jogo, quando as predisposições emocionais estão atuando, qual deve ser então a situação em que as evidências são muito mais débeis, em que a crença é muito maior, em que a tradição de ceticismo da ciência mal marca presença — quer dizer, na área da religião?

Pensemos na questão da inteligência extraterrestre. Existem várias idéias. Há uma que diz que o universo é enorme. Tem que haver seres muito mais inteligentes do que nós. Eles devem ter habilidades que superem imensamente as nossas. Portanto, devem ser capazes de vir para cá. Se circulamos pelos mundos vizinhos de nosso sistema planetário, então os seres inteligentes de outro ponto de nosso sistema solar, como imaginou Lowell, ou de outros sistemas planetários, que sabemos hoje serem muitos, não deveriam nos visitar? E isso então nos leva à questão dos objetos voadores não identificados e dos astronautas do passado, à qual chegaremos. Mas aqui eu gostaria de me concentrar na abordagem científica predominante hoje para a questão da inteligência extraterrestre, e devo dizer logo de cara que estou profundamente envolvido com ela e a defendo sem reservas. Mas, ao mesmo tempo, acho que ela esclarece a questão sobre o que é evidência adequada e o que não é.

Em que momento dizemos que a evidência é suficiente para deduzir a presença de inteligência extraterrestre? Acredito que, embora os detalhes sejam ligeiramente diferentes, o argumento não é muito diferente da pergunta: o que seria uma prova convincente da existência de um anjo, de um semideus ou de um deus?

Em primeiro lugar, vem a pergunta: é plausível? Isto é, de qualquer modo que se procure pela inteligência extraterrestre, isso vai custar dinheiro. Vai se querer logo um argumento de plausibilidade que faça o mínimo de sentido. É claro que, se encontrássemos inteligência extraterrestre, seria uma descoberta de enorme importância em termos científicos, filosóficos e, sustento, teológicos. Mas vai se querer ter alguma expectativa de sucesso, algum argumento que rebata os céticos que digam: "Não há evidências de que tenhamos sido visitados; portanto, isso é perda de tempo".

Assim, o que queríamos mesmo saber é: quantos locais com seres inteligentes, mais inteligentes do que nós, há, por exemplo, na galáxia da Via Láctea? E a que distância daqui se encontra o mais próximo? Se ficar demonstrado que o mais próximo está a uma distância enorme — digamos no centro da Via Láctea, a 30 mil anos-luz —, concluiremos talvez que as perspectivas de contato são pequenas. Por outro lado, se ficar demonstrado que a mais próxima civilização desse tipo está relativamente perto — por exemplo, a algumas dezenas ou até centenas de anos-luz —, então pode ser que faça sentido, vou abordar isso, tentar procurá-la.

Uma abordagem conveniente dessa questão (bem pouco precisa) é a chamada equação de Drake, em homenagem ao astrônomo Frank Drake, um pioneiro na pesquisa científica sobre esse assunto. É mais ou menos assim: Existe um número, vamos chamá-lo de N, de civilizações técnicas na galáxia, civilizações com tecnologia que permita contato interestelar (essa tecnologia, em termos básicos, é a radioastronomia). Esse número é

$$N = T \times f_p \times n_p \times f_v \times f_i \times f_c \times V$$

o produto de um conjunto de fatores, e definirei cada um deles. (O que está envolvido nessa equação é a idéia de que uma probabilidade coletiva é o produto de probabilidades individuais, bem parecido com o que tratamos previamente, sobre a probabilidade de o aminoácido certo entrar no primeiro espaço da proteína, e no segundo, e no terceiro, e então multiplicar essas probabilidades. A chance de tirar cara no primeiro lançamento da moeda é de um meio, a chance de tirar cara no segundo lançamento é de um meio, a chance de tirar duas caras seguidas é de um quarto, três caras seguidas é de um oitavo, e assim por diante.)

Dessa forma, o número de civilizações desse tipo depende da taxa da formação de estrelas, que chamaremos de T. Quanto mais estrelas se formarem, mais moradias possíveis para a vida haverá se elas tiverem sistemas planetários. Isso parece claro. Multiplique-se esse número por f_p, a fração de estrelas que possuem sistemas planetários. Mas não é o suficiente ter planetas; eles precisam ser adequados à vida. Então multiplique-se por n_p, o número de planetas num sistema médio que sejam ecologicamente adequados à origem da vida, e depois por f_v, a fração desses mundos em que a vida realmente surge, vezes f_i, a fração desses mundos em que a vida inteligente acaba evoluindo, vezes f_c, a fração desses mundos em que a vida inteligente desenvolve recursos técnicos de comunicação, vezes V, o tempo de vida da civilização técnica, porque é claro que, se as civilizações se autodestruírem assim que forem formadas, todo resto vai estar certo, e mesmo assim não haverá ninguém com quem possamos conversar.

Vou chutar quais são esses números. Ressalto que não sabemos esses números muito bem, que nossa incerteza aumenta progressivamente conforme avançamos do fator da esquerda para o fator da direita. E que a maior incerteza de todas é de longe o V, o tempo de vida de uma civilização técnica.

Há uns 100 bilhões de estrelas na galáxia da Via Láctea.

O tempo de vida da Via Láctea é algo como 10 bilhões de anos, portanto uma estimativa média modesta da taxa de formação de estrelas é de cerca de dez estrelas por ano. Número bastante interessante esse, por si só. Todo ano há dez novos sóis nascendo na galáxia da Via Láctea, e muitos deles, provavelmente, com sistemas planetários. E, daqui a bilhões de anos, talvez eles tenham vida.

Sobre o problema da fração de estrelas que têm planetas girando em torno de si, já falei sobre as evidências recentes de observatórios terrestres e espaciais dos sistemas planetários, tanto os que acabaram de se formar quanto os que estão completamente formados, em torno de estrelas próximas. As estatísticas são extraordinárias. Só os dados do satélite IRAS sugerem que algo como um quarto das estrelas de seqüência principal próximas e um pouco mais novas do que o Sol tem alguma coisa parecida com uma nebulosa solar em processo de formação. É um número incrivelmente grande. Mas só conseguimos detectá-las em casos especiais, quando têm um sistema planetário totalmente formado. Não é de esperar que cada estrela tenha um sistema planetário, mas o número parece bem grande. Apenas para fins argumentativos, vou supor que a fração f_p seja alguma coisa como metade. Considerem agora o número de planetas por sistema que em princípio são adequados à origem da vida. Certamente, em nosso sistema, conhecemos pelo menos um, a Terra. E dá para criar bons argumentos de que seja possível em outros planetas, em outros corpos. Já falamos de Titã. Há um argumento em defesa de Marte. Sem fingir nenhum tipo de precisão, mas só para que possamos usar números fáceis de ser multiplicados, vamos presumir que esse número, n_p, seja dois.

A fração de planetas ecologicamente adequados e nos quais a vida realmente surge ao longo de centenas de milhões ou bilhões de anos, esta vou presumir que seja bem alta, com base no tipo de argumento que dei antes, especialmente a velocidade com que a origem da vida parece ter acontecido neste planeta. Portanto, vou presumir f_v como por volta de um.

E chegamos agora aos números mais difíceis. A vida surgiu em determinado planeta, e durante bilhões de anos o meio ambiente ficou mais ou menos estável. Qual é a probabilidade de que surjam civilizações inteligentes e tecnológicas? Por um lado, podemos argumentar que é preciso acontecer uma seqüência de fatos individualmente improváveis para que seres humanos evoluam. Por exemplo, os dinossauros tiveram que ser extintos, porque eles eram os organismos dominantes no planeta e nossos ancestrais no tempo dos dinossauros eram criaturas peludas que se moviam rápido e se escondiam em buracos, mais ou menos do tamanho de ratos. E nossos ancestrais só persistiram por causa da extinção dos dinossauros. E a extinção dos dinossauros parece ter sido causada pela enorme colisão de um asteróide ou núcleo cometário com a Terra, há cerca de 65 milhões de anos, no fim do período Cretáceo. É um fato estatístico, e, se não tivesse acontecido, talvez eu tivesse três metros de altura, escamas verdes e dentes pontudos e afiados, e você também fosse alto, verde e dentuço. Nós nos consideraríamos muitíssimo atraentes. Que lindos somos. E como seria estranho se eu propusesse que, se as coisas tivessem sido diferentes, os ratinhos que hoje nos incomodam tivessem evoluído e se tornado o organismo dominante, e nossos únicos remanescentes seriam salamandras, crocodilos e aves. Isso por um lado.

Por outro lado, não há por que pensar que haja apenas um caminho até a vida inteligente. A vantagem seletiva da inteligência é claramente grande. Se todo resto for igual, mas você conseguir entender o mundo, você tem mais chance de sobreviver. Pelo menos até a invenção das armas nucleares.

O cérebro humano compõe uma fração significativa de nossa massa corpórea, quase maior do que a de todos os animais do planeta. E isso sugere então um desenvolvimento progressivo do cérebro para entender o mundo. Quanto mais dados são processados, maiores as chances de sobrevivência. Não há por que achar que essa situação seja peculiar ao ser humano, e deveria acontecer o mesmo também em outros planetas.

Daí vem a pergunta: se há vida inteligente, é garantido que ela vá desenvolver civilizações tecnológicas? É claro que não. Os golfinhos e as baleias são inteligentes, de acordo com muitos relatos e com base no argumento da proporção massa cerebral/massa corpórea, e eles não construíram nada, porque não têm mãos e vivem num ambiente diferente do nosso.

É fácil imaginar um mundo cheio de poetas que não constroem radiotelescópios. Eles são muito inteligentes, mas não ouvimos nada que venha deles. Assim, nem toda forma de vida inteligente tem que ser tecnológica ou comunicativa. O produto de $f_i \times f_c$ ninguém sabe de verdade. Certamente podemos lembrar que levou a maior parte da história da Terra para que os ornitópodes, os cetáceos ou os primatas se desenvolvessem. Todos eles se desenvolveram nas últimas poucas dezenas de milhões de anos. Por que demorou tanto? Bem, deve haver certo grau de complexidade essencial para conseguir entender as coisas.

Por um lado, a Terra e o sistema solar têm bilhões de anos mais pela frente, assim como os outros planetas. Um número para $f_i \times f_c$ que para mim seria modesto é 1/100 — 1%. (Não digo, de maneira nenhuma, que sei quais são esses números; trata-se apenas de estimativas para reunir as várias incertezas. Não defendo isso como se fosse texto sagrado.) Se multiplicarmos esses números, $10 \times \frac{1}{2} \times 2 \times 1 \times 1/100$, o produto é um décimo. Portanto, o número N de civilizações técnicas em nossa galáxia seria um décimo de seu tempo de vida médio V em anos. (V está em anos porque T era dez estrelas por ano, e o produto não pode ter anos, apenas o número de civilizações.)

Então quanto é V? Qual é o tempo de vida de uma civilização tecnológica? Só temos radiotelescópios há umas poucas décadas. Dá para argumentar, lendo os jornais, que nossa civilização corre grandes riscos. Portanto, para a Terra pelo menos, o tempo de vida de uma civilização técnica nesse sentido é de uma década, ou de algumas décadas. E, se esse número fosse típico para as civilizações em geral, V seria, digamos, uma década, dez anos. Vamos chamar esse caminho de o mais pessimista. Um décimo vezes dez é um, e o número de civilizações tecnológicas na galáxia seria um. Onde ela está? Somos nós.

Assim, não há ninguém com quem conversar exceto nós mesmos, e nem fazemos isso muito bem. Nesse caso, ao se acreditar no argumento, seria besteira fazer uma busca cara ou maciça pela inteligência extraterrestre porque, mesmo que o número V fosse de algumas décadas, o número de civilizações seria pequeno, portanto a distância para a mais próxima seria imensa.

Tomemos então outro caminho, o otimista. E ele é o seguinte: parece perfeitamente possível que sejamos capazes de solucionar os problemas da adolescência tecnológica que enfrentamos. E, mesmo que houvesse apenas uma pequena chance de fazer isso, digamos 1%, 1% de todas aquelas civilizações na galáxia vivendo por períodos enormes de tempo implica um número bem grande. Imaginemos que 1% das civilizações tenha vivido durante um período da escala evolutiva, geológica ou estelar — por exemplo, bilhões de anos. Se houver só 1% que faça isso, o tempo de vida médio será de 1% de 10^9, que é 10^7, e assim o valor de V será 10 milhões de anos. Multipliquemos isso por um décimo e a resposta será 1 milhão, 10^6 civilizações na galáxia, uma história completamente diferente.

Dessa maneira, é possível observar que, embora haja incertezas significativas para cada um desses fatores, a maior incerteza, de longe, aquela da qual temos menos experiência (nenhuma, pensando bem), é o tempo de vida médio de uma civilização tecnológica. E é essa ligação de V com o número de civilizações e a distância até a mais próxima que ata essa questão bastante *outré* da inteligência extraterrestre às preocupações mais urgentes da humanidade. Porque significa que o receptor de uma mensagem, independentemente de ser capaz de decodificá-la, diria que *V* é provavelmente um número grande, que alguém conseguiu sobreviver à adolescência tecnológica. Seria um conhecimento que valeria muito a pena ter.

Se existir 1 milhão de civilizações técnicas na galáxia, é possível calcular facilmente, só tirando a raiz cúbica, a distância até a civilização mais próxima. Se elas estiverem distribuídas aleatoriamente pela galáxia, e sabemos hoje quantas estrelas há na galáxia, a que distância está a mais próxima? E a resposta é: apenas umas poucas centenas de anos-luz de distância. É logo ali. Não é logo ali para fazer visitas, mas é logo ali para a comunicação por rádio.

Mas mesmo umas poucas centenas de anos-luz de distância indicam que não precisamos gastar nossa imaginação com como será o diálogo. É mais um monólogo. Eles falam e nós ouvimos, porque senão eles diriam, vamos imaginar: "Oi, tudo bem?". E nós responderíamos: "Tudo, obrigado, e vocês?". E essa conversa levaria, sei lá, seiscentos anos. Não é o que dá para chamar de bate-papo.

Por outro lado, está muito claro que a transmissão de via única de informação pode ter um valor imenso. Aristóteles fala conosco. Nós, tirando os espíritas, não falamos com Aristóteles. E tenho minhas dúvidas sobre os espíritas. (Na verdade, Aristóteles quase nunca está na lista de contatos deles.)

Falemos um pouquinho mais então sobre essa idéia da comunicação por rádio. O que imaginamos é que seres de um planeta de uma outra estrela sabem que civilizações emergentes acabam chegando por rádio. Faz parte do espectro eletromagnético; ele é, como mostrarei a vocês daqui a pouco, um canal através da galáxia. A tecnologia é relativamente simples e barata. As ondas de rádio viajam à velocidade da luz, mais rápido do que qualquer coisa, pelo que sabemos. A quantidade de informação que pode ser transmitida é enorme, não só um "Oi, tudo bem?". Para falar de outro jeito, se um sistema idêntico estivesse no centro da galáxia e estivéssemos aqui usando nossa tecnologia atual de detecção, poderíamos captar o sinal, que viria de milhares de anos-luz de distância. Isso dá uma idéia do incrível poder dessa tecnologia, que na verdade só recentemente foi utilizada em todo o seu potencial. Há a questão da freqüência. Em que canal ouviríamos? Existe um número enorme de freqüências de rádio. Temos aqui o espectro das freqüências de rádio em gigahertz, bilhões de ciclos por segundo, contra um ruído de fundo de várias fontes em graus absolutos. E o que vemos é que nas freqüências baixas há ruído de fundo de partículas carregadas de campos magnéticos na galáxia, o ruído de fundo galáctico. É barulho. E um barulho bem significativo.

Não é ali que vamos querer transmitir nem receber. No extremo da alta freqüência, há outra fonte de ruído, intrínseca à natureza quântica dos detectores de rádio. E no meio há uma ampla região em que o ruído é baixo, e é nessa janela que faz sentido transmitir. Nessa janela certamente há linhas espectrais, por exemplo, de hidrogênio atômico, o átomo mais abundante no universo, em freqüências específicas. Por esse motivo existe hoje um programa muito sofisticado de busca em Harvard, Massachusetts, um projeto de colaboração entre a Universidade Harvard e a Sociedade Planetária, uma organização mundial com 100 mil membros, e é incrível que pagamentos e contribuições feitos a uma organização privada consigam manter aquela que é de longe a busca mais sofisticada por inteligência extraterrestre jamais tentada*.

---

* Em 2006, a Sociedade Planetária e a Universidade de Harvard inauguraram o telescópio óptico do SETI, o primeiro observatório óptico da história dedicado à procura por sinais de inteligência extraterrestre. Para saber mais sobre a história da Sociedade Planetária e do SETI, consulte www.planetary.org e, para sentir a emoção de participar da busca, vá a www.setiathome.ssl.berkeley.edu/.

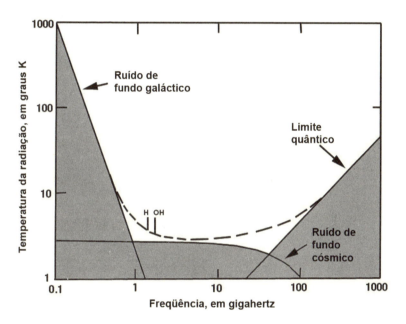

fig. 33

Esta ilustração talvez dê uma idéia de como o sucesso seria percebido. A linha inclinada indica um sinal bem fraco de uma fonte extraterrestre. Ouvem-se muitas freqüências por algum tempo e espera-se para ver se tem alguma coisa acontecendo. O sistema da Sociedade Planetária foi recentemente atualizado, de forma que 8,4 milhões de canais individuais são monitorados ao mesmo tempo. A antena aponta para algum lado do céu. E alguns lugares têm picos. Eles podem se dever à interferência de rádio da Terra, a satélites na órbita terrestre, à ignição de automóveis, a máquinas de diatermia. Mas cada um deles tem uma assinatura especial, e é possível imaginar sinais que não se pareçam com nada disso, que o computador imediatamente isolaria do ruído, sem deixar dúvida de se tratar de um sinal artificial de origem extraterrestre, mesmo que não tivéssemos a chance, a capacidade, de entender o que ele gostaria de dizer.

Como já disse, a expectativa é que eles enviem e que nós, os emergentes, a civilização comunicativa mais jovem da galáxia, escutemos. Não o contrário.

Quero ressaltar que nesse aspecto nossa civilização é mesmo provavelmente singular na galáxia. Ninguém que seja só um pouquinho mais ignorante conseguiria se comunicar. Deixe-me explicar melhor: uma civilização que estivesse apenas algumas décadas atrás de nós não teria a radioastronomia, portanto não poderia trombar com essa técnica. Ou talvez pudesse trombar com ela, mas não poderia manifestá-la. E assim, portanto, se ouvirmos alguém, esse alguém provavelmente está mais adiantado do que nós, porque, se estivesse um pouquinho atrasado, não conseguiria se comunicar.

Dessa maneira a situação mais provável é a comunicação que parta de seres muitíssimo mais avançados do que nós. E isso, portanto, suscita a pergunta: Conseguiremos entender o que disserem? O que temos que lembrar aqui é que, se se tratar de uma mensagem intencional deles para nós, eles poderão torná-la mais fácil.

fig. 34

Eles poderão fazer concessões para as civilizações. E, se preferirem não fazer isso, não vamos entender a mensagem.

Talvez alguém diga que as civilizações avançadas se comunicam umas com as outras por ondas zeta. E direi: "O que é uma onda zeta?". E a pessoa responderá: "É uma coisa fantástica para a comunicação da qual não posso dar detalhes, porque ela só será inventada daqui a 5 mil anos". Tudo bem, ótimo, e, se aqueles amigos se comunicam por ondas zeta, maravilha. Mas, se quiserem se comunicar conosco, vão ter que desenterrar algum telescópio antigo, encarquilhado, de algum museu de tecnologia e usá-lo, porque é só isso que as civilizações jovens serão capazes de entender e detectar.

Imaginem agora que recebêssemos uma mensagem. Como ela seria? Uma possibilidade: Haveria um anúncio poderoso, algo que deixasse bem claro que sem dúvida estaríamos recebendo uma mensagem de uma civilização avançada. Poderia, por exemplo, ser altamente monocromático; isto é, uma freqüência passa-faixa bem estreita, e/ou poderia ser uma seqüência de pulsos que não tivesse como ter origem natural. Por exemplo, uma seqüência de números primos, números divisíveis só por 1 e por eles mesmos — 1, 2, 3, 5, 7, 11, 13, 17, 19 e assim por diante. Não existe nenhum processo natural que seja capaz de produzir esses números.

Então, depois de estabelecer sem sombra de dúvida que a mensagem é de seres inteligentes do espaço, é perfeitamente possível imaginar uma enorme quantidade de informação adicional que seja transmitida de forma que possamos entender. Por exemplo, é perfeitamente possível transmitir imagens. Na realidade, isso é feito por rádio o tempo todo. É isso que nosso aparelho de televisão faz. É possível enviar matemática. É facílimo. Suponha que eles organizem os números — *bip*, um; *bip bip*, dois; *bip bip bip*, três; e assim por diante. E então eles (agora só vou inventar) fariam *bip glaga bip uonc bip bip*. Com alguns mais desses daria para decidir que *glaga* significa "mais" e *uonc* significa "igual". Mas imaginem que fizessem agora *bip glaga bip bip uonc bip bip*. E aí haveria um símbolo depois. Esse símbolo, esse símbolo novo, teria que significar "falso". Percebam como conceitos abstratos como verdadeiro e falso poderiam ser comunicados com muita rapidez. E entre esses dois modos — o uso da matemática, que, é claro, teríamos em comum, e a transmissão de imagens — é possível que uma mensagem bem rica possa ser transmitida. Qual seria essa mensagem nenhum de nós tem como saber.

Gostaria agora que vocês pensassem e comparassem essa abordagem criativa, experimental, que consiste de alguns argumentos de plausibilidade que ninguém leva muito a sério, com a abordagem mais tradicional à vida inteligente no espaço: aquela em que não há experimentos, em que não se guardam as opiniões até que haja evidências, em que simplesmente nos pedem que a aceitemos com base na fé. O contraste é, na minha opinião, absoluto. A abordagem é bastante diferente quanto ao método. E lembro a vocês a força com que fomos iludidos pela questão dos canais de Marte, que paixões e emoções acabaram fortemente envolvidas ali.

Como eles são? Há uma convenção em Hollywood de que os extraterrestres são como nós na aparência. Podem ter orelhas pontudas, antenas ou pele verde, mas essas são apenas variaçõezinhas estéticas. Os extraterrestres e os seres humanos são fundamentalmente iguais. Por que precisaria ser assim? Pensem na longa seqüência de acontecimentos aleatórios e estocásticos que levaram à nossa evolução. Mencionei a extinção dos dinossauros. Esse foi um. Peguemos outro: temos dez dedos. E é por isso que usamos o sistema decimal na aritmética. Não há nada especial em 1, 2, 3, 4, 5, 6, 7, 8, 9 e depois 1 e 0, tirando o fato de que contamos com os dedos. Por que temos dez dedos? Porque evoluímos a partir de um peixe devoniano que tinha dez falanges em suas nadadeiras. Se tivéssemos evoluído de um peixe devoniano com doze falanges, todos nós estaríamos fazendo aritmética de base duodecimal, e a aritmética de base decimal só seria levada em conta pelos matemáticos.

Isso acontece em todos os níveis, incluindo os níveis bioquímicos, tanto que acho que dá para dizer — esqueça o outro planeta — que, se a Terra começasse de novo e deixássemos só esses fatores aleatórios agirem, como quando um raio cósmico atinge um cromossomo, produzindo uma mutação no material hereditário, poderíamos acabar chegando a seres inteligentes depois de alguns bilhões de anos. Poderíamos deparar com criaturas capazes de grandes realizações éticas, artísticas ou teológicas. Mas elas não teriam nada da aparência dos seres humanos. Somos resultado de uma seqüência evolutiva única. Em outro lugar, com um ambiente diferente, necessidades diferentes de se adaptar à mudança nas condições, uma seqüência diferente de eventos aleatórios, incluindo eventos genéticos aleatórios, não devemos esperar nada que se pareça com um ser humano.

E como fica a religião? Como fica a idéia de que todos nós fomos feitos à imagem e semelhança de Deus? Também é falta de imaginação? O que significa dizer que somos feitos à imagem e semelhança de Deus? Imaginamos, por exemplo, que Deus tem narinas e respira? Se sim, o que Ele respira? Ar? Onde está o ar? Ar com oxigênio? Nenhum outro planeta do sistema solar tem oxigênio, excetuando a Terra. Por que restringir Deus a tão poucos lugares? Por que Ele precisaria de narinas? E umbigo? Será que Deus tem umbigo? E cabelo? E um apêndice vermiforme? E dedos do pé? Os dedos do pé são claramente resultado da vida de nossos ancestrais sob o abrigo das grandes florestas, pulando de galho em galho. É ótimo ter quatro membros que possam se agarrar às árvores. Só por acaso temos dedos do pé neste momento específico de transição. O dedão do pé ajuda no equilíbrio; o dedinho não serve para nada. É só um acidente evolutivo. Apêndice vermiforme? Também não serve para nada. Já está de saída.

Arthur Clarke já disse que a ortodoxia cristã é limitada e tímida demais para o que provavelmente será encontrado na busca pela inteligência extraterrestre. Ele disse que a doutrina do homem feito à imagem e semelhança de Deus está fazendo tique-taque como uma bomba relógio nas bases do cristianismo, pronta para explodir se outras criaturas inteligentes forem descobertas. Não concordo nem um pouco. Acho que o único sentido que pode ser aplicado à expressão "feito à imagem e semelhança de Deus" é o da idéia de uma afinidade intelectual entre nós e organismos mais elevados, se eles existirem.

As mesmas leis da física aplicam-se em todos os lugares. Se imaginarmos esses seres extraterrestres nos enviando mensagens de rádio, nós e eles teremos alguma coisa em comum. Temos que ter. O próprio ato de receber a mensagem significa que temos a tecnologia de rádio em comum. Temos a mecânica quântica. Temos a física atômica. Temos a gravitação newtoniana. Sabemos que essas leis da natureza se aplicam a qualquer lugar do universo. Não é uma questão de como é sua estrutura biológica. Não é uma questão da seqüência de eventos que levam a uma civilização tecnológica. O simples fato de existir uma civilização tecnológica significa que temos que aceitar até certo ponto o universo como ele realmente é. E assim, é nesse sentido, e só nesse sentido, creio eu, que faz sentido falar nesse tipo de afinidade entre seres avançados e nós.

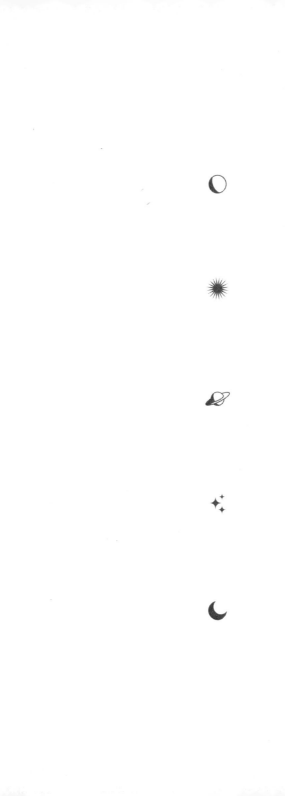

5. Folclore extraterrestre: implicações na evolução da religião

Considero a idéia da inteligência extraterrestre uma questão de importância filosófica, científica e até histórica. Se tivéssemos a sorte de receber algum sinal da inteligência extraterrestre, acho que não há muita dúvida de que seria um evento histórico extremamente significativo. E se, por outro lado, fizéssemos uma busca ampla e detalhada sem nenhum resultado, também seria um conhecimento que valeria a pena ter. Mostraria um pouco da raridade e da preciosidade que é a vida inteligente e, creio, teria conseqüências sociais extremamente importantes e benéficas. Portanto a busca pela vida extraterrestre é uma daquelas poucas circunstâncias em que tanto o sucesso como o fracasso seriam um sucesso, de todos os pontos de vista.

Por isso absolutamente não sou contra a idéia de que extraterrestres nos visitem. Se estamos fuçando nosso sistema solar, se somos capazes, como somos, de enviar nossas naves espaciais não só para outros planetas do nosso sistema solar mas para além dele, para as estrelas, certamente outras civilizações, se existirem, milhares ou milhões de anos mais avançadas do que a nossa, devem ser capazes de fazer vôos espaciais interestelares com muito mais facilidade, com muito mais rapidez.

E não duvido nem por um instante dessa possibilidade. Ressaltaria que a economia de esforços é bem maior com a comunicação por rádio, se comparada com a comunicação direta através de naves interestelares. Defenderia que dá para transmitir para milhões ou bilhões de mundos ao mesmo tempo de forma barata e rápida, de modo que mesmo para uma civilização muito avançada seria bem mais difícil e caro fazer isso com naves interestelares. Eu não poderia, porém, descartar a possibilidade de que a Terra seja ou já tenha sido visitada. Mas, exatamente porque há muita coisa em jogo na resposta, exatamente porque esse é um assunto que envolve fortes emoções, exigiríamos nesse caso os padrões mais escrupulosos de evidências.

Quero esta noite discutir duas hipóteses modernas que acho adequado chamar de folclore, a hipótese dos antigos astronautas e a hipótese dos óvnis, ou objetos voadores não identificados, para depois tentar relacioná-las com a história de religiões um pouquinho mais convencionais.

A hipótese dos antigos astronautas foi popularizada principalmente por um suíço, gerente de hotel, chamado Erich von Däniken. E suas obras, a primeira chama-se *Eram os deuses astronautas?**, foram grandes best-sellers no fim dos anos 1960 e início dos 1970, vendendo dezenas de milhões de exemplares no mundo todo, um conjunto de livros de imenso sucesso.

A hipótese fundamental de Von Däniken era que na arqueologia, no folclore e nos mitos de muitas civilizações da Terra estão impressas certas indicações de um contato no passado entre a Terra e seres extraterrestres. Não é uma afirmação absurda em princípio,

---

* *Chariots of the gods?* O autor afirma que, nas edições subseqüentes em inglês, o ponto de interrogação foi suprimido. (N. T.)

146

mas a aceitabilidade da hipótese depende da qualidade das evidências. E, infelizmente, os padrões para as evidências foram extremamente pobres, em muitos casos inexistentes. Para dar um exemplo (e juro que não estou ridicularizando o argumento conforme o descrevo), essa é a abordagem de Von Däniken para as pirâmides do Egito: as pirâmides do Egito, disse ele, foram construídas com blocos individuais, paralelepípedos retangulares, cada um deles com mais ou menos vinte toneladas. "Vinte toneladas", disse ele. Isso é extremamente pesado. Sozinha uma pessoa não conseguiria carregar um bloco de vinte toneladas, muito menos vários deles, para fazer uma pirâmide. Portanto, é necessário equipamento moderno de construção, e, entre 3000 e 2000 a.C., issó só poderia ser feito por extraterrestres. Portanto, extraterrestres existem.

É fácil perceber que esse argumento negligencia certos fatos. Mesmo que não soubéssemos nada sobre a arqueologia egípcia, ainda conseguiríamos imaginar maneiras de números muito grandes de pessoas construírem edifícios de grande porte. (A Bíblia, afinal, faz referência a projetos ambiciosos de construção, como a enorme Torre de Babel.) E, quando analisamos as evidências internas, ou mesmo quando lemos Heródoto, que fez alusão às técnicas egípcias de construção de pirâmides, notamos que existe uma explicação totalmente natural e coerente. Existem muitas, na verdade, sendo que algumas delas incluem o tráfego de jangadas pelo Nilo, rolamentos para transportar os blocos e a remoção posterior do material de apoio. Há até inscrições em alguns dos blocos mais importantes que dizem o equivalente a "Uau, conseguimos!", assinado "Equipe Tigre Onze", exclamação improvável para construção tão modesta se feita por alguém que tivesse viajado sem grande esforço através do espaço interestelar. E sabemos que a primeira pirâmide a ser construída desmoronou, e que a segunda pirâmide, no meio da construção, teve os ângulos das laterais drasticamente aparados, porque acabaram aprendendo com o exem-

147

plo da primeira, que ruíra. E seria improvável que uma civilização extraterrestre capaz de cruzar o espaço cometesse o erro de ultrapassar o ângulo de repouso.

Von Däniken observou que no Peru, no planalto de Nazca, existem grandes desenhos no deserto que só podem ser vistos a partir de uma grande altitude. E eles são representações de coisas pouco extraordinárias: perus, condores e outros animais e vegetais naturais. Mas Von Däniken questiona por que alguém construiria uma coisa que só pudesse ser vista a uma grande altitude, e deduz não apenas que havia seres a grandes altitudes para vê-los, mas que esses seres orientavam a construção, dizendo: "Um pouquinho mais para a esquerda". Nos jogos de futebol americano, é costume dar às pessoas cartazes quadrados de papelão com o fragmento de uma linha ou de uma letra. No momento certo, todo mundo levanta seu cartaz, e à distância aparece algum símbolo, que geralmente tem a ver com a esperança no sucesso do time da casa. E ninguém deduz que haja intervenção extraterrestre nesse caso.

Von Däniken também observou que no Pacífico, na Ilha de Páscoa, há um conjunto de monólitos enormes, todos voltados para o mar, todos pesados demais para serem erguidos por uma ou duas pessoas, e todos, como mencionou Jacob Bronowski, a cara de Benito Mussolini. Eles foram escavados a uma distância significativa, naquela ilha pequenininha. E novamente Von Däniken deduz a autoria extraterrestre, a partir do fato de que não conseguiu pensar numa forma de pessoas de antes da Revolução Industrial conseguirem cortar, transportar e erguer tais monólitos. Mas, anos antes de Von Däniken escrever, Thor Heyerdahl foi à Ilha de Páscoa e, com uma equipe pequena, usando apenas as ferramentas mais simples, transportou e ergueu um daqueles monólitos encontrados em decúbito dorsal. E o método para erguê-lo foi simplesmente cavar um pouco da terra e das pedras sob um lado até que ele ficasse num ângulo mais inclinado, para finalmente ser colocado de pé.

Assim, Von Däniken tem muitos outros argumentos como esse, a maioria com uma plausibilidade ainda menor do que os argumentos que acabei de apresentar a vocês. O que Von Däniken basicamente fez foi subestimar nossos ancestrais, presumir que as pessoas que viveram há alguns milhares de anos ou até há algumas centenas de anos eram simplesmente burras demais para descobrir as coisas, para trabalhar juntas por bastante tempo e construir algo de dimensões monumentais. Só que as pessoas de algumas centenas ou alguns milhares de anos atrás não eram menos inteligentes do que nós, nem menos capazes. Talvez, em certo sentido, fossem até mais capazes de trabalhar em equipe. O argumento é absurdamente enganador. Então como pode ter sido possível que argumento tão enganador possa ter obtido tanto sucesso (embora hoje em dia ninguém ouça falar muito dos antigos astronautas)? É uma pergunta interessante.

Acho que a resposta está claríssima. O apelo emocional de Von Däniken fazia todo sentido. Era a esperança de que os extraterrestres viessem aqui para nos salvar de nós mesmos. A esperança de que, se eles tinham intervindo tantas vezes na história da humanidade, certamente na atualidade, época de enorme crise já reconhecida nos anos 1960 e 1970 e bem clara hoje, numa era de 55 mil armas nucleares, os extraterrestres viriam e nos impediriam de fazer o pior contra nós mesmos. E nesse sentido considero essa uma doutrina extremamente perigosa, porque, quanto mais tivermos a tendência de presumir que a solução virá de fora, menor será a nossa probabilidade de resolver nossos problemas sozinhos.

Mas os antigos astronautas são apenas algo secundário, um codicilo sem importância na doutrina principal do século xx nessa linha, a dos discos voadores ou objetos voadores não identificados. E não temos apenas os textos de meia dúzia de gatos-pingados, mas sim um empreendimento coletivo envolvendo um número enorme de pessoas no mundo inteiro, e algo como 1 milhão de aparições isoladas desde 1947, quando o termo *disco voador* foi cunhado pela primeira vez.

A mitologia padrão é bem simples. Um dispositivo de design e construção exóticos é visto no céu, pelo menos algumas vezes fazendo coisas que nenhuma máquina de fabricação terrestre poderia fazer. Em casos mais raros, ele descarrega seres exóticos, que conversam com os terrestres, capturam gente da Terra, fazem neles exames médicos exóticos, levam-nos para outros planetas e às vezes mantêm encontros sexuais com eles, resultando em filhos completamente humanos — feito bem menos provável, se pensarmos nas claras provas da evolução darwiniana, do que um cruzamento bem-sucedido entre um homem e uma petúnia.

O que exigiríamos, se presumíssemos uma abordagem minimamente cética, para nos convencer? Não exigiríamos 1 milhão de casos. Acho que não exigiríamos nem mais do que um, desde que esse caso fosse absolutamente sólido. Exigiríamos que tal caso sólido fosse ao mesmo tempo descrito com grande credibilidade e que fosse muito exótico. Não basta que centenas de pessoas o tenham visto independentemente como uma luz no céu. Uma luz no céu pode ser qualquer coisa. Tem que ser muito mais concreto, muito mais específico. Por outro lado, também não basta que, vamos dizer, um objeto metálico na forma de um disco, com vinte metros de diâmetro, pouse num quintal de um subúrbio de Long Island, que uma porta invisível se abra (há certo fascínio com portas invisíveis nessas histórias), um robô de quatro metros de altura saia, faça carinho no gato, colha uma flor, dê tchauzinho para o embasbacado dono da casa e então desapareça de novo dentro da porta invisível, que então se fecha, e a nave decola. Se apenas uma pessoa visse isso, já que o gato não estaria disponível para dar um depoimento confirmatório, também não se trataria de um caso convincente. Exigiríamos que os exemplos fossem, ao mesmo tempo, descritos com extrema credibilidade e que fossem extremamente exóticos.

Já dediquei, embora não recentemente, bom tempo aos casos de óvnis, por sentir que era minha responsabilidade, visto que tenho interesse na vida extraterrestre, saber se o problema já não estava solucionado, se os extraterrestres não estão aqui, caso em que eu e meus colegas, é claro, seríamos poupados de um trabalhão. Fiz parte de uma comissão criada pela Força Aérea dos Estados Unidos para analisar essa história e entrevistei participantes de alguns dos casos mais famosos. Quero relatar minhas impressões gerais. De maneira nenhuma se identificaram todos os casos de óvnis ou se estabeleceu o que eram. Alguns deles foram relatados de forma esparsa e reduzida demais, e uns poucos são mesmo misteriosos, portanto não era de esperar que tivessem sido esclarecidos.

Mas deixem-me dar a vocês uma idéia dos relatos rotineiros de óvnis que foram verificados e que sabemos o que realmente eram.

A Lua. Vocês podem achar que não há como alguém identificar a Lua como uma nave extraterrestre. Mas há muitos casos em que isso não apenas aconteceu, como houve relatos de a Lua ter seguido e até ameaçado o observador.

A aurora boreal; estrelas brilhantes; planetas brilhantes, especialmente sob condições meteorológicas pouco convencionais; vôos de insetos luminosos; neblina, um automóvel subindo uma serra, os faróis se movendo rapidamente na neblina; balões meteorológicos.

Houve um caso famoso em que um vagalume ficou preso entre duas folhas adjacentes de vidro na janela da cabine de um avião, e os pilotos contavam pelo rádio sobre as viradas fantásticas de 90º de um objeto, desafiando as leis da inércia, a velocidades estimadas como fantásticas. Eles imaginavam que o objeto estivesse a uma enorme distância, e não bem na frente de seu nariz.

Nuvens noctilúcias e lenticulares, nuvens em forma de lente, aeronaves convencionais com iluminação pouco convencional. Aeronaves não convencionais.

E há então a enorme categoria das fraudes. Assim que se tornou possível ter o nome no jornal por avistar um óvni, muito mais gente começou a ver óvnis. E alguns casos foram inventados como brincadeira, mas outros não. Um caso famoso foi um conjunto de sacos plásticos de lavanderia arranjados para formar uma cobertura em torno de velas, e isso foi lançado no ar numa espécie de pequeno balão de ar quente, coisa factível. E essa tecnologia tão primitiva foi descrita por centenas de pessoas como óvnis, realizando manobras que, dizia-se, não teriam como ser realizadas. Portanto, aí está uma fraude com alguns equívocos ou falhas na descrição, e o resultado é uma coisa extraordinariamente exótica. Mas eram só luzes estranhas se movendo. Esse é um dos motivos para eu dizer que meras luzes se movimentando não bastam.

Há também os casos com as chamadas evidências. Fotos, por exemplo. Uma das primeiras fotos de óvnis, do final dos anos 1940, é de autoria de um homem chamado George Adamski, um entusiasta do espaço que se identificou em seu primeiro livro como George Adamski, de Mount Palomar. Mount Palomar era naquela época o lugar onde ficava o maior telescópio óptico do planeta. E George Adamski era de Mount Palomar. Ele tinha uma barraquinha de hambúrguer na base do monte Palomar, na qual mantinha um pequeno telescópio, e através desse telescópio fotografou maravilhas que os astrônomos, dispostos nos recantos mais elevados da montanha, jamais enxergaram.

Uma de suas fotografias mais famosas mostra um objeto claramente metálico, em forma de disco, com três grandes esferas na parte de baixo, que ele identificou como equipamento de pouso e que depois se revelaram uma incubadora de pintinhos suspensa. É um daqueles dispositivos que incentivam os ovos a se abrirem, e lâmpadas comuns são usadas para aquecê-lo. Então se desenvolveu uma indústria inteira de investigações para determinar qual objeto comum era fotografado de pertinho para explicar cada caso específico de objeto voador não identificado.

Provavelmente já disse implicitamente o que queria dizer, mas deixem-me fazê-lo de forma explícita. Não acho que haja grande diferença entre esse tipo de fraude de fabricação de óvnis e a venda de relíquias na Idade Média — pedaços da cruz original e assim por diante. As motivações são quase idênticas.

Também há casos, e Adamski é um deles, em que as pessoas não apenas fotografam ou vêem óvnis, mas são cumprimentadas pelos ocupantes e levadas a bordo. É útil examinar retrospectivamente alguns desses casos. Por exemplo, Adamski foi levado para o planeta Vênus, cujas condições eram bem parecidas com as do Éden. Os extraterrestres falavam com vozes suaves, caminhavam entre regatos e flores, usavam túnicas brancas e compridas e proferiam homilias religiosas reconfortantes.

Sabemos hoje, e não sabíamos naquela época, que a temperatura da superfície de Vênus é de 900° F*. A pressão da superfície é noventa vezes a desta sala. A atmosfera contém ácido clorídrico, ácido fluorídrico e ácido sulfúrico. Então, na melhor das hipóteses, as longas túnicas brancas estariam esfarrapadas. Dá para notar, retrospectivamente, que havia algo de errado na história. Talvez ele só tenha errado de planeta. Mas fica a clara impressão de que o relato de Adamski foi inventado do nada.

É impressionante que em todo esse milhão de casos não haja um exemplo de evidência física que resista ao escrutínio mais casual. Nenhum pedacinho de nave espacial lascado com um canivete e colocado num envelope para o exame, em laboratório, das ligas metálicas exóticas. Nenhuma foto do interior da nave ou dos extraterrestres, nenhuma página do diário de bordo do capitão. Não sei como, em todos esses casos, não há nem um único exem-

---

* 482 ºC. (N. T.)

plo de evidência física concreta. E isso novamente sugere, sustento, que estamos lidando com uma combinação de psicopatologia, fraude consciente e percepção equivocada de fenômenos naturais, mas não com o que alegam aqueles que vêem os óvnis.

Gostaria de comentar com vocês um caso específico, porque acho que ele é um exemplo de como alguém com as melhores intenções do mundo consegue mesmo assim se enganar terrivelmente. Em algum ponto dos anos 1950, um policial rodoviário do Novo México dirigia numa estrada rural que ele conhecia extremamente bem, por tê-la percorrido muitíssimas vezes. E, para seu espanto, viu um objeto enorme, em formato de disco, descendo para o chão, com a luz do Sol reluzindo nele. Ficou bobo. Encostou o carro e examinou a coisa. Dirigiu então por algumas dezenas de metros até um telefone de emergência na beira da estrada e ligou para alguns cientistas que conhecia, do Laboratório Nacional de Los Alamos. Disse a eles: "Acabou de acontecer a coisa mais incrível comigo. É uma oportunidade que só acontece uma vez na vida. Acabei de ver um disco voador pousar. Estou olhando para ele agora. Não bebi nada. Estou plenamente acordado. Estou plenamente consciente. E, se vocês vierem já para cá, com equipamentos de monitoramento, teremos a descoberta do século".

A cena era tão atraente que os cientistas conseguiram mobilizar um helicóptero e voar para o local. Pousaram na estrada, aproximaram-se do policial — e diante deles estava mesmo exatamente o que ele tinha descrito. Em forma de disco, metálico, grande, brilhando ao Sol. Então, carregando seus equipamentos, eles correram para a coisa e, ao chegarem perto, perceberam um agricultor que estava cuidando da terra, ignorando totalmente aquele disco enorme que tinha acabado de pousar na frente dele. Começaram a pensar: Seria possível que o disco fosse invisível para o agricultor mas visível para eles? Talvez o agricultor tivesse sido hipnotizado.

Aproximaram-se. O agricultor finalmente os viu, embora não visse o disco voador, e os confrontou. Por que estavam invadindo sua terra? Eles disseram: "Por causa do disco". "Disco? Que disco?" Ele se virou e olhou exatamente para a coisa, e aparentemente não a viu. Na verdade, depois de alguns minutos de uma discussão confusa, ficou claro que o que eles estavam vendo era um silo para o armazenamento de grãos que o agricultor estava usando, que ele mesmo tinha fabricado, com algum material que não lembro, mas que tinha mesmo a forma de um disco, e que o homem usava havia anos. Tudo que o guarda rodoviário tinha visto estava certo, exceto por um detalhe. Ele teve a impressão de ter visto a coisa acabando de pousar, e não tinha. Todo resto era exatamente como ele contou. E o que isso reforça é que, em um argumento desse tipo, cada elo da corrente do argumento precisa estar certo. Não basta que a maioria dos elos da corrente esteja certa. Se um dos elos for fraco, toda cadeia de argumentação pode desmoronar.

Dizem às vezes que as pessoas que adotam uma abordagem de ceticismo em relação aos óvnis ou aos antigos astronautas, ou até a algumas variedades de demonstrações de religião, estão na verdade sendo preconceituosas. Sustento que isso não é preconceito. É pós-conceito. Isto é, não é um juízo feito antes de examinar as evidências, mas um juízo adotado depois de examinar as evidências.

Isso não quer dizer que, logo depois de ler isto aqui, você não vá dar de cara com um disco voador metálico, deixando o autor morto de vergonha. Trocaria contente minha vergonha por um contato genuíno com uma civilização extraterrestre. Mas sustento que, quando adquirimos certa experiência com esses casos, uma tendência básica fica clara, a de que nesse tipo de caso estamos enormemente vulneráveis a mal-entendidos, a erros de avaliação. Não é muito diferente daquilo que é chamado de milagre.

A obra definitiva sobre os milagres foi escrita por um famoso filósofo escocês, David Hume. Em seu livro *Investigação sobre o entendimento humano*, num capítulo famoso chamado "Dos milagres", Hume analisa um caso um pouquinho diferente, mas não muito.

> Quando alguém me diz ter visto um morto recuperar a vida, imediatamente penso comigo mesmo se é mais provável que essa pessoa queira enganar ou esteja enganada ou o fato que ela está contando ter realmente acontecido. Peso um milagre em relação ao outro, e de acordo com a superioridade que descobrir pronuncio minha decisão. Sempre rejeito o milagre maior. Se a falsidade do testemunho dela for mais milagrosa que o acontecimento que está contando, só então é que ela pode pretender dominar minha crença ou minha opinião.

E uma pessoa que formulou isso de outra maneira foi Thomas Paine, um dos heróis da revolução americana, que basicamente parafraseia Hume. Ele diz: "É mais provável que a natureza desvie de seu curso ou que um homem minta?".

O que se está dizendo aqui é que o simples testemunho ocular não basta se o que estiver sendo relatado for suficientemente extraordinário. Paine prossegue dizendo:

> Jamais vimos, em nosso tempo, a natureza sair de seu curso. Mas temos bons motivos para crer que milhões de mentiras tenham sido contadas no mesmo período. É portanto no mínimo de milhões para um a chance de quem relata um milagre estar mentindo.

Declaração forte.

Não resta dúvida de que é mais interessante que milagres aconteçam. A história fica bem melhor. E lembro-me de um caso que aconteceu comigo. Eu estava num restaurante perto da Universidade Harvard. De repente o proprietário e a maioria dos clientes correu para fora, com os guardanapos ainda presos aos cintos. Aquilo chamou a minha atenção. Corri também para fora e vi uma luz muito estranha no céu. Não morava muito longe, então fui até minha casa (sem pagar a conta, mas disse ao proprietário que ia voltar), peguei um par de binóculos, voltei e, com os binóculos, pude ver que a luz única na verdade estava dividida em duas luzes, que por fora as duas luzes eram uma luz verde e uma luz vermelha. A luz vermelha e a luz verde estavam piscando, e se tratava, depois ficou claro, de um enorme avião meteorológico com dois potentes faróis para determinar a turvação da atmosfera. Contei às pessoas do restaurante o que eu tinha visto. E todo mundo ficou decepcionado. Perguntei por quê. E todo mundo deu a mesma resposta. É uma história memorável chegar em casa e dizer: "Acabei de ver uma nave espacial de outro planeta voando sobre a Harvard Square". É uma história nada memorável chegar em casa e dizer: "Vi um avião com uma luz forte".

Porém, mais do que isso, os milagres fazem revelações sobre todo tipo de coisas religiosas em que desejamos muito acreditar. Isso é tão verdade que as pessoas ficam furiosas quando os milagres são desmascarados. Um dos casos mais interessantes desse tipo — e há milhares deles — pertence à Igreja Católica Apostólica Romana, em que existe um procedimento preestabelecido para verificar a veracidade de supostos milagres. É daí, aliás, que vem o termo *advogado do diabo*. O advogado do diabo é a pessoa que propõe explicações alternativas para o suposto milagre, para ver se as provas são boas ou não. Tenho aqui um recorte de jornal de junho do ano passado, intitulado: "Padres criticados depois de rejeitar alegação de milagre". Deixem-me ler só algumas frases:

Stockton, Califórnia. Fiéis revoltados chamaram um conselho de padres de "um bando de demônios" depois de o religioso ter determinado que a Nossa Senhora que chorava numa Igreja católica rural é provavelmente uma fraude, não um milagre. Uma mulher, Lavergne Pita, caiu em lágrimas quando as conclusões foram anunciadas na quarta-feira pela Diocese de Stockton. Manuel Pita protestou dizendo que "esses investigadores não são investigadores. São um bando de demônios. Como podem fazer isso?". Os relatos de que a estátua de 27 quilos chorava lágrimas de verdade e conseguia andar até 9 metros do nicho onde fica, na Igreja da Missão Mater Ecclesiae, em Thornton, começaram a circular há dois anos. O comparecimento à igreja triplicou desde então [...] No ano passado a diocese nomeou uma comissão para estudar os relatos. Ao anunciar as conclusões do grupo, o bispo Roger M. Mahoney disse que os eventos ligados à estátua "não preenchem os critérios para uma aparição autêntica de Maria, a mãe de Jesus Cristo". A estátua pode ter sido mudada de lugar, as lágrimas podem ter sido colocadas lá [...] Na verdade, nunca houve relatos de que as lágrimas realmente escorressem, elas foram apenas vistas, e eram viscosas. Um dos proponentes afirmou: "Quando a virgem apareceu às crianças em Portugal, também não acreditaram nelas. Essas coisas normalmente acontecem com os humildes, de baixa renda. Os pobres", acrescentou. "Essas coisas não são para qualquer um."

Gostaria agora de contar a vocês sobre um dos estudos mais extraordinários que conheço sobre esse assunto, que é um dos poucos casos em que não apenas coisas miraculosas aconteceram, mas foram estudadas detalhadamente por uma equipe de observadores, que se infiltrou no grupo religioso para fazer pesquisas sociológicas. Eles convenceram o grupo de que estavam lá porque também acreditavam. É um caso extremamente interessante, porque as profecias, cada uma delas, falharam redondamente. Não são esses casos de que costumamos ouvir falar.

A história vem de um livro chamado *When prophecy fails*, de [Leon] Festinger et al. Foi publicado em meados dos anos 1960 e comenta o que aconteceu em Minneapolis, Minnesota, no início dos anos 1950. Uma mulher de Minneapolis acreditava estar recebendo uma mensagem por escrita automática. Sabem o que é escrita automática? Acontece com pessoas do mundo inteiro. Ocorre quando a mão que segura a caneta ou o lápis parece ganhar vida e escreve coisas enquanto, pelo que se pode ver de fora, a pessoa à qual a mão pertence está dormindo ou fazendo alguma outra coisa. Não há muita dúvida de que a pessoa que está ligada à mão é responsável pelo que está acontecendo no papel. Mas há a misteriosa impressão de que aquilo não acontece apenas inconscientemente, mas que vem de alguma fonte externa. Nesse caso a escrita automática vinha de Jesus — ou pelo menos de uma reencarnação moderna dele —, que morava num planeta até então não descoberto chamado Clarion. O recado era urgente. Dizia que um dilúvio iria inundar a Terra (apesar da promessa bíblica feita a Noé) no dia 21 de dezembro, cobriria a maior parte dos Estados Unidos e da União Soviética, entre outros países, e faria ressurgir os continentes perdidos de Atlântida e Mu. Astronautas do planeta Clarion chegariam antes da inundação e resgatariam os fiéis, levando-os em discos voadores para Clarion.

O grupo que se formou em torno da mulher que fazia a escrita automática era composto por pessoas normais, que não eram de forma nenhuma perturbadas. Um dos líderes do grupo era um médico que foi examinado por psiquiatras, com base, acho, no fato de ser extraordinário que um médico acreditasse nisso, no caso de outras pessoas seria o esperado. Ele foi considerado totalmente são, embora tivesse "idéias incomuns". O grupo recebeu várias mensagens — seis ou oito — avisando-os para estarem presentes a certa hora em certo local para serem levados por discos voadores antes do acontecimento, e, não será surpresa para vocês, os clarionitas não apareceram. Se eles tivessem aparecido, vocês já saberiam. A inundação também nunca veio, embora em várias partes do mundo terremotos tenham ocorrido dias antes da enchente prevista, e isso foi tomado pelos entusiastas do grupo como uma confirmação parcial da inundação.

Como vocês podem imaginar, o não acontecimento da enchente do dia 21 de dezembro provocou alguma consternação no grupo, mas nem chegou perto de destruí-lo. Eles receberam uma mensagem por escrita automática que dizia que deveriam cantar músicas natalinas no frio, diante da casa de um de seus líderes, preparando-se para mais um embarque num óvni; e, respondendo com toda credulidade, dirigiram-se para lá e foram cercados por uma multidão de mais ou menos duzentos observadores que os ridicularizavam e pela polícia para separá-los do público. Mostraram grande dedicação, grande coragem. Mas exibiram tudo menos uma abordagem cética em relação ao mundo.

Quanto aos motivos de eles não terem sido levados, houve uma série de explicações, e vou só mencioná-las. Eles tinham entendido a mensagem errado (embora ela explicasse em um inglês bem simples o que tinham que fazer e estivesse assinada "Jesus" ou "Deus Todo-Poderoso"). Outra explicação era que eles não tinham se dedicado o suficiente, que sua fé não tinha sido forte o bastante. Ou que aquilo era apenas um teste feito pelos extraterrestres para ver se eles estavam comprometidos, e os extraterrestres jamais tiveram a intenção de inundar a Terra, era só para testar a fé deles. Ou as previsões eram totalmente válidas, mas eles haviam entendido a data errada. Ia acontecer na verdade 10 mil anos depois... um errinho de nada. Ou a inundação teria acontecido, mas a mobilização dos fiéis impressionou Deus o suficiente para que Deus interviesse pela humanidade, e estamos todos vivos porque aquela gente acreditou com uma fé forte o bastante.

Todas essas explicações não são coerentes entre si, mas demonstram uma inventividade impressionante e uma incrível resistência em modificar um conjunto de crenças em face de evidências contraditórias. No final, a maioria dos integrantes acabou se afastando do movimento, mas até os que o deixaram primeiro haviam demonstrado uma fidelidade heróica diante do que chamam de "desconfirmação", mesmo com o ceticismo exterior. Fica claro que o apoio mútuo dentro do sistema da crença foi fundamental para o sucesso, embora breve, daquela fé.

Não havia um líder carismático. Nenhum espertalhão ambicioso. Era escrita automática e gente comum. Na realidade, o grupo saiu procurando quem os orientasse. Eles achavam que aquele astronauta de Clarion provavelmente estava perto deles nos contextos mais improváveis. Por exemplo, havia um grupo de jovens motociclistas de jaqueta de couro, que zombava deles, e que eles imediatamente presumiram ser anjos de Clarion. E a mesma coisa com os membros da equipe de pesquisadores de ciências sociais, que tinham se infiltrado no movimento para tentar entender como os movimentos religiosos têm início; também foram tomados por anjos de Clarion. Isso provocou grandes desafios para separar adequadamente o cientista do objeto de pesquisa.

A maioria daquelas pessoas já tinha se envolvido anteriormente em outros grupos religiosos limítrofes ou pseudocientíficos, incluindo clubes de óvnis, de espíritas, de dianética — que desde então se metamorfoseou numa coisa chamada cientologia —, e assim por diante. Mas é o caráter comum desse grupo que para mim é revelador de coisas verdadeiras sobre a origem da religião. Quero citar as sentenças de conclusão de Festinger et al.:

> Eles eram proselitistas pouco habilidosos. É interessante especular, no entanto, o que eles teriam feito com as oportunidades que tiveram se fossem apóstolos mais eficazes. Durante cerca de uma semana foram manchete no país inteiro. Suas idéias não deixavam de ter apelo popular e eles receberam centenas de visitantes, telefonemas e cartas de cidadãos seriamente interessados, além de ofertas

de dinheiro, que invariavelmente recusavam. Os fatos conspiraram para oferecer a eles uma oportunidade magnífica de ver seu número crescer. Se eles tivessem sido mais eficazes, a desconfirmação poderia ter sido o prenúncio do começo, e não do fim.

Imaginem se tivessem um líder carismático. Ou imaginem se por coincidência tivesse sido registrada uma aparição espetacular de óvni na época da inundação prevista, por exemplo, um teste da Força Aérea com um novo tipo de aeronave. Ou imaginem que a mensagem vinda de Clarion não fosse só de que iria haver uma enchente, e sim de algo poderoso, algo emocionante, algo que falasse à minoria oprimida dos Estados Unidos ou de outros lugares. Acho que é possível vislumbrar a possibilidade de a religião de Clarion ter crescido e se transformado numa coisa muito maior. Se prestarmos atenção nas religiões recentes — e vou me restringir àquelas que tenham mais de 1 milhão de seguidores —, encontraremos, por exemplo, uma que previu com convicção que o mundo acabaria em 1914. Sem discussão. E, quando o mundo não acabou em 1914 (pelo menos ao que parece), eles não alegaram que, puxa, tinham cometido um pequeno erro de aritmética, que na verdade era 2014, esperamos que não tenha sido inconveniente para ninguém. Não disseram que, bem, o mundo *teria* acabado, mas eles foram tão fiéis que Deus intercedeu. Não. Disseram, e isso ainda é o grande princípio da fé deles, que o mundo *acabou* em 1914 e que nós ainda simplesmente não notamos. É uma religião com milhões de seguidores, que existe atualmente nos Estados Unidos.

Ou então existe uma religião que diz que todas as doenças são psicogênicas, que não existem microrganismos provocando doenças. Não existem coisas como o mau funcionamento celular que provoca uma doença, a única coisa que produz doenças é não pensar direito, não ter a fé adequada. E não preciso lembrar a vocês que existe um corpo significativo de evidências médicas dizendo o contrário.

Existe uma religião que acredita que no século xix um conjunto de tábuas douradas foi preparado por um anjo e desencavado por um ser humano de inspiração divina. E as tábuas estavam inscritas em hieróglifos egípcios antigos e continham, portanto, um conjunto de livros até então desconhecidos, como os do Antigo Testamento. E infelizmente as tábuas não estão disponíveis para um escrutínio hoje em dia, além disso há provas contundentes de fraude consciente na época em que a religião foi fundada, o que fez, na semana passada, duas pessoas serem mortas no estado de Utah, por causa de cartas antigas dos fundadores da religião que não correspondiam à doutrina.

Ou existe uma religião que acredita que, se você tiver fé suficiente, pode levitar. Quer dizer, você pode fazer seu corpo sair flutuando do chão. Isso teria muitas aplicações práticas, se fosse verdade. Esses são dogmas ou aspectos bem típicos das religiões modernas.

E, se é assim, e quanto às religiões antigas? Afinal de contas, há uma distância temporal muito maior entre nós e aquelas religiões. E o que isso significa é que há oportunidades bem maiores de fraudes e de modificação de detalhes inquietantes. Lembro a vocês que a história é reescrita o tempo todo. Para dar um exemplo — existem tantos —, um dos líderes da Revolução Russa foi um homem chamado Lev Davidovich Bronstein, também conhecido como Leon Trótski. Ele fundou o Exército Vermelho, estabeleceu o sistema ferroviário soviético moderno, foi o fundador e o primeiro editor do *Pravda*, teve papel fundamental nas revoluções de 1905 e 1917, mas não existe na União Soviética. Não está lá. Não se consegue achar nada sobre ele. Não existe foto dele. Numa história do mundo soviética em dois volumes, ele aparece uma vez, como alguém com opiniões agrícolas inadequadas. De resto não é mencionado. Simplesmente o eliminaram da história de sua própria revolução, na qual ele teve uma atuação absolutamente central, só inferior talvez à de Lênin. Imaginem então que uma religião tenha sido fundada não há algumas décadas, mas há alguns séculos ou há alguns milênios, e que o conhecimento adquirido seja transmitido através de um grupo pequeno — um clero pequeno. Pensem nas oportunidades de modificar fatos preocupantes nesse ínterim. David Hume diz:

> Os muitos exemplos de milagres, profecias e eventos sobrenaturais forjados, que em todas as épocas foram detectados ou por provas em contrário ou por si mesmos, pelo seu caráter de absurdo, são comprovação suficiente da forte propensão da humanidade para o extraordinário e o maravilhoso, e com razão despertam a suspeita contra qualquer relação desse tipo. É estranho, pode dizer o leitor consciencioso, que fatos prodigiosos como esses nunca aconteçam hoje em dia, mas não é nada estranho que os homens mintam em todas as épocas.

E, chegando ao que eu estava defendendo, ele diz:

> Na infância das novas religiões os sábios e cultos costumam considerar a questão insignificante demais para merecer sua atenção ou preocupação. E depois, quando eles se dispõem a detectar a fraude para esclarecer as multidões iludidas, o tempo certo passou e os registros e testemunhas que poderiam elucidar a questão já se perderam e não podem mais ser recuperados.

Parece-me que só existe uma abordagem possível para essas questões. Se tivermos um envolvimento emocional tão grande nas respostas, se quisermos muito acreditar, e se for importante saber a verdade, é necessário nada menos do que um escrutínio comprometido e cético. Não é muito diferente de comprar um carro usado. Quando vamos comprar um carro usado, não basta lembrar que precisamos muito de um carro. Afinal de contas, ele tem que funcionar. Não basta dizer que o vendedor é um cara simpático. O que fazemos normalmente é chutar os pneus, olhar o odômetro, abrir o capô. Quando a pessoa não se acha muito especialista em motores, leva um amigo que entenda. E fazemos isso por uma coisa tão desimportante como um automóvel. Então, em questões de transcendência, de ética e princípios morais, sobre a origem do mundo, a natureza dos seres humanos, em assuntos como esses, não deveríamos insistir numa investigação no mínimo igualmente cética?

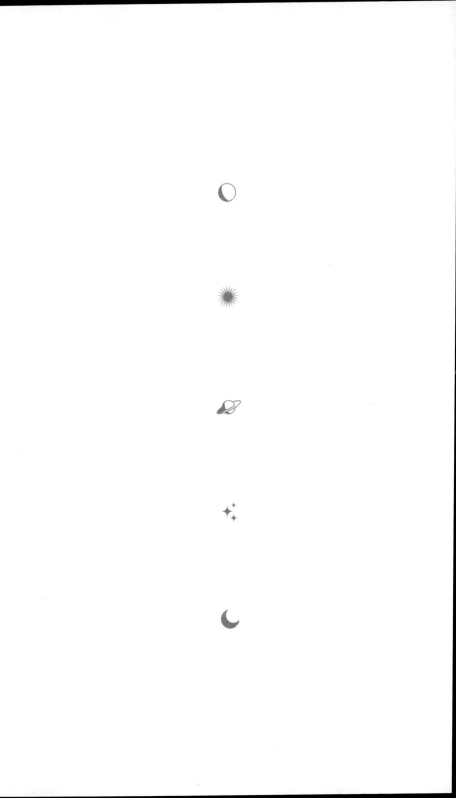

6. A hipótese da existência de Deus

A intenção das Palestras Gifford é ter como tema a teologia natural. A teologia natural há muito tempo é entendida como um conhecimento teológico que pode ser estabelecido apenas e tão-somente pela razão e pela experimentação. Não pela revelação, não pela experiência mística, mas pela razão. E essa é, na longa história da espécie humana, uma visão relativamente inovadora. Podemos lembrar, por exemplo, da seguinte frase escrita por Leonardo da Vinci. Em seus cadernos ele diz: "Quem numa discussão aduz autoridade usa não o intelecto, mas a memória".

Essa era uma afirmação extremamente heterodoxa para o início do século XVI, quando a maioria do conhecimento derivava da autoridade. O próprio Leonardo participou de vários confrontos desse tipo. Numa viagem para uma montanha, nos Apeninos, ele tinha descoberto os restos mortais fossilizados de moluscos que normalmente viviam no fundo do mar. Como era possível? A sabedoria teológica convencional era de que o grande Dilúvio de Noé tinha inundado os topos das montanhas e levado conchas e ostras para lá. Leonardo, lembrando que a Bíblia diz que o dilúvio havia durado apenas quarenta dias, tentou calcular se esse tempo seria suficiente para levar os moluscos até lá, mesmo que o alto das montanhas tivesse sido inundado. Em qual estado do ciclo da sua vida as ostras tinham sido depositadas? E assim por diante. Ele chegou à conclusão de que isso não era possível, e propôs uma alternativa bem ousada, que ao longo de períodos longuíssimos de tempo as montanhas tinham se erguido dos oceanos. E isso desencadeava uma série de dificuldades teológicas. Mas é a resposta correta, e acho que dá para dizer sem grandes problemas que ela foi definitivamente confirmada em nosso tempo.

Se vamos discutir a idéia da existência de Deus e nos restringir a argumentos racionais, talvez seja útil saber do que estamos falando quando dizemos "Deus". Isso na verdade não é nada fácil. Os romanos chamavam os cristãos de ateus. Por quê? Os cristãos tinham lá seu deus, mas não era um deus real. Eles não acreditavam na divindade dos imperadores apoteotizados nem nos deuses do Olimpo. Tinham um deus diferente, peculiar. Era muito fácil, portanto, chamar de atéias as pessoas que acreditavam num tipo diferente de deus. E prevalece ainda hoje a idéia geral de que ateu é qualquer um que não acredite exatamente da mesma forma que eu.

Há uma constelação de propriedades em que normalmente pensamos quando, aqui no Ocidente, ou em termos mais gerais na tradição judaico-cristã-islâmica, pensamos em Deus. As diferenças fundamentais entre o judaísmo, o cristianismo e o islamismo são triviais se comparadas às semelhanças. Pensamos em alguém que é onipotente, onisciente, cheio de compaixão, que criou o universo, que atende a preces, que intervém em problemas humanos, e assim por diante.

Mas imaginem que existissem provas definitivas de algum ser que tivesse algumas dessas propriedades, mas não todas. Imaginem que de alguma forma ficasse comprovado que há um ser que deu origem ao universo, mas que é indiferente às preces... Ou, pior, um deus que nem se lembra da existência dos seres humanos. É muito parecido com o deus de Aristóteles. Esse seria ou não Deus? Imaginem que houvesse alguém que fosse onipotente mas não onisciente, ou vice-versa. Imaginem que esse deus soubesse de todas as conseqüências de suas ações, mas que houvesse muitas coisas que ele não pudesse fazer, portanto estivesse condenado a um universo em que seus objetivos não pudessem ser realizados. Quase nunca se pensa sobre esses tipos alternativos de deuses, nem se discute sobre eles. A priori não há nenhum motivo para não serem tão prováveis quanto o tipo mais convencional de deus.

E a questão fica ainda mais confusa pelo fato de teólogos proeminentes como Paul Tillich, por exemplo, que proferiu as Palestras Gifford muitos anos atrás, terem negado explicitamente a existência de Deus, pelo menos como poder sobrenatural. Bem, se um teólogo renomado (e ele não é o único) nega que Deus seja um ser sobrenatural, a questão me parece meio confusa. O espectro de hipóteses seriamente abarcadas pela rubrica "Deus" é imenso. A visão ingênua ocidental de Deus é a de um homem alto, de pele clara, com uma longa barba branca, que fica num trono enorme no céu e que sabe da queda de cada pardalzinho.

Comparem essa visão de Deus com uma bem diferente, proposta por Baruch Spinoza e por Albert Einstein. E a esse segundo tipo de deus eles chamaram Deus de modo bem direto. O tempo todo Einstein interpretava o mundo em termos de o que Deus faria ou não faria. Mas com Deus ele queria dizer uma coisa não muito diferente do que a soma total das leis da física do universo; isto é, a gravitação mais a mecânica quântica mais a teoria do campo unificado mais algumas outras coisas era igual a Deus. E com isso eles só queriam dizer que existe um conjunto de princípios físicos incrivelmente poderosos que parece explicar boa parte do que aparentemente é inexplicável no universo. Leis da natureza, como já disse antes, que se aplicam não só a Glasgow, mas a bem longe: a

Edimburgo, Moscou, Pequim, Marte, Alfa Centauri, o centro da Via Láctea e os quasares mais distantes conhecidos. O fato de que essas mesmas leis da física se apliquem a todos os lugares é extraordinário. Certamente representa um poder maior do que qualquer um de nós. Representa uma inesperada regularidade do universo. Não precisava ser assim. Cada província do cosmos poderia ter suas próprias leis da natureza. Não fica imediatamente claro que as mesmas leis tenham que se aplicar a todos os lugares.

Mas seria uma tolice completa negar a existência das leis da natureza. E, se é disso que estamos falando quando dizemos Deus, então ninguém poderia ser ateu, ou pelo menos ninguém que se diz ateu seria capaz de dar uma explicação coerente sobre por que as leis da natureza são inaplicáveis.

Acho que ele ou ela ficariam sob bastante pressão. Portanto, com esta última definição de Deus, todos nós acreditamos em Deus. A definição anterior de Deus é bem mais dúbia. E existe uma grande variedade de outros tipos de deuses. Em todos os casos é preciso perguntar: "De que tipo de deus você está falando, e quais são as provas de que esse deus existe?".

É certo que, se nos restringirmos à teologia natural, não basta dizer "acredito nesse tipo de deus porque foi isso que me ensinaram quando eu era criança", porque outras pessoas ouviram coisas bem diferentes sobre religiões bem diferentes, que contradizem à dos meus pais. Não dá para todo mundo estar certo. E na realidade todo mundo pode estar errado. É certamente verdade que muitas religiões diferentes são incoerentes entre si. Não é que elas simplesmente não sejam simulacros perfeitos uma da outra; elas se contradizem brutalmente.

Vou dar um exemplo simples; existem muitos. Na tradição judaico-cristã-islâmica, o mundo tem uma idade finita. Contando as procriações do Antigo Testamento, dá para chegar à conclusão de que o mundo tem bem menos de 10 mil anos. No século XVII, o arcebispo de Armagh, James Ussher, fez um esforço corajoso mas totalmente equivocado de fazer a contagem com precisão. Ele chegou à data específica em que Deus teria criado o mundo. Era 23 de outubro de 4004 a.C., um domingo.

Pensem novamente sobre todas as possibilidades: mundos sem deuses; deuses sem mundos; deuses feitos por deuses preexistentes; deuses que sempre estiveram aqui; deuses que não morrem; deuses que morrem; deuses que morrem mais de uma vez; graus diferentes de intervenção divina em assuntos humanos; zero, um ou muitos profetas; zero, um ou muitos salvadores; zero, uma ou muitas ressurreições; zero, um ou muitos deuses. E as dúvidas relacionadas a essas, quanto ao sacramento, à mutilação religiosa, ao sacrifício, ao batismo, a ordens monásticas, a expectativas ascéticas, à presença ou ausência da vida após a morte, aos dias em que se deve comer peixe, aos dias em que não se come nada, a quantas vidas após a morte cada um tem, à justiça neste mundo, ou no próximo mundo, ou em nenhum mundo, à reencarnação, ao sacrifício humano, à prostituição do templo, às jihads, e por aí vai. É grande a variedade de coisas em que as pessoas acreditam. Religiões diferentes acreditam em coisas diferentes. É uma caixinha de surpresas de alternativas religiosas. E claramente existem mais combinações de alternativas do que existem religiões, embora existam hoje alguns milhares de religiões no planeta. Na história do mundo, existiram provavelmente dezenas, talvez centenas de milhares, se pensarmos nos ancestrais coletores-caçadores, quando uma comunidade humana típica tinha cerca de cem pessoas. Naquela época havia tantas religiões quantos fossem os bandos de caçadores-coletores, embora as diferenças entre elas provavelmente não fossem tão grandes assim. Mas ninguém sabe, pois, infelizmente, não temos praticamente nenhum conhecimento sobre em que acreditavam nossos ancestrais na maior parte da história da humanidade neste planeta, porque a tradição do boca a boca não é a mais adequada, e a escrita não tinha sido inventada.

Assim, considerando essa variedade de alternativas, uma coisa que me vem à mente é como é impressionante que, quando alguém tem uma experiência religiosa que provoca sua conversão, é sempre para a religião ou para uma das religiões mais comuns em sua própria comunidade. Há tantas possibilidades... Por exemplo, é muito raro no Ocidente que alguém tenha uma experiência religiosa que leve à conversão para uma religião em que a principal divindade tenha cabeça de elefante e seja pintada de azul. Raro mesmo. Mas na Índia existe um deus azul de cabeça de elefante que tem muitos devotos. E não é tão raro assim ver imagens desse deus. Como é possível que a aparição de deuses-elefantes se restrinja à Índia e só aconteça em lugares onde haja forte tradição indiana? Por que as aparições da Virgem Maria são comuns no Ocidente, mas raramente ocorrem em lugares do Oriente onde não há tradição cristã pronunciada? Por que os detalhes da crença religiosa não ultrapassam as barreiras culturais? É difícil de explicar, a menos que os detalhes sejam totalmente determinados pela cultura local e não tenham nada a ver com algo de validade externa.

Em outras palavras, qualquer predisposição preexistente à crença religiosa pode sofrer poderosa influência da cultura local, não importa onde a pessoa tenha crescido. E, especialmente se as crianças forem expostas desde cedo a um conjunto específico de doutrinas, músicas, artes e rituais, a coisa fica tão natural quanto respirar, e é por isso que as religiões se empenham tanto em atrair os muito jovens.

Ou então examinemos outra possibilidade. Imaginem que um novo profeta apareça e alegue uma revelação de Deus, e que essa revelação contradiga as revelações de todas as religiões anteriores. De que maneira uma pessoa comum, alguém que não tenha tido a sorte de receber ela mesma uma revelação, tem como decidir se essa nova revelação é ou não válida? A única maneira confiável é através da teologia natural. É preciso perguntar: "Quais são as provas?". E, se elas forem insuficientes, é preciso dizer: "Bem, temos aqui uma pessoa extremamente carismática que diz ter passado por uma experiência conversora". Não basta. Existem muitas pessoas carismáticas que passam por todo tipo de experiência reveladora. Não dá para todas estarem certas. É possível até que todas estejam erradas. Não podemos depender totalmente do que as pessoas dizem. Temos que olhar quais são as provas.

Gostaria agora de passar para a questão das supostas evidências ou provas da existência de Deus. E me concentrarei principalmente nas provas ocidentais. Mas, para mostrar um espírito ecumênico, começarei com algumas provas hindus, que sob vários aspectos são tão sofisticadas quanto os argumentos ocidentais e certamente mais antigas do que eles.

Udayana, um lógico do século XI, tinha um conjunto de sete provas da existência de Deus, e não vou mencionar todas; vou só tentar dar uma idéia. E, aliás, o tipo de deus ao qual Udayana se refere não é exatamente o mesmo, como vocês podem imaginar, que o deus judaico-cristão-islâmico. O deus dele tudo sabe e jamais perece, mas não é necessariamente onipotente e piedoso.

Em primeiro lugar, Udayana argumenta que todas as coisas têm que ter uma causa. O mundo está cheio de coisas. Alguma coisa tem que ter feito essas coisas. E esse argumento é muito parecido com um argumento ocidental ao qual já vamos chegar.

Em segundo lugar, há um argumento não muito ouvido no Ocidente, o argumento das combinações atômicas. É bastante sofisticado. Ele diz que, no princípio da Criação, os átomos tiveram que se ligar para construir coisas maiores. E essa ligação entre os átomos sempre requer a interferência de um agente consciente. Sabemos hoje que isso é falso. Ou sabemos, pelo menos, que existem leis de interação atômica que determinam como os átomos se ligam entre si. Trata-se de uma matéria chamada química. E até se pode dizer que isso se deva à intervenção de uma divindade, mas não que exija a intervenção direta de uma divindade. Tudo que a divindade precisa fazer é estabelecer as leis da química e se aposentar.

Em terceiro lugar, há o argumento da suspensão do mundo. O mundo não está caindo, dá para ver. Não estamos despencando pelo universo, ao que parece, portanto alguma coisa está sustentando o mundo, e essa coisa é Deus. Essa é uma visão bem natural das coisas. Está ligada à idéia de que estamos parados no centro do universo, uma percepção equivocada que todos os povos no mundo inteiro já tiveram. Na verdade estamos caindo a uma velocidade incrível, em órbita em torno do Sol. E todo ano andamos dois pi vezes o raio da órbita da Terra. Fazendo as contas, dá para ver que é extremamente rápido.

Em quarto lugar, há o argumento da existência das habilidades humanas. E ele é bem parecido com o argumento de Von Däniken, de que, se ninguém tivesse nos mostrado como fazer as coisas, não saberíamos fazê-las. Acho que há bastantes argumentos contra isso.

E há então a existência do conhecimento oficial, independente das habilidades humanas. Como saberíamos das coisas que estão, por exemplo, nos Vedas, os livros sagrados hindus, a menos que Deus as tivesse escrito? A idéia de que os seres humanos eram capazes de escrever os Vedas, para Udayana, era difícil de aceitar.

Isso dá uma noção desses argumentos e mostra que existe um desejo humano arraigado de encontrar uma explicação racional para a existência de um Deus ou de deuses, e também, na minha opinião, demonstra que esses argumentos nem sempre são muito bem-sucedidos. Passarei agora para alguns dos argumentos ocidentais, que talvez todos conheçam muito bem, e se for esse o caso peço desculpas.

Em primeiro lugar, há o argumento cosmológico, que não é muito diferente do argumento que acabamos de ouvir. O argumento cosmológico no Ocidente tem basicamente a ver com a causalidade. Existem coisas por todo lado; essas coisas foram causadas por alguma outra coisa. E assim, depois de algum tempo, deparamos com épocas e causas remotas. Não dá para voltar para sempre, uma regressão infinita de causas, como argumentaram Aristóteles e mais tarde Tomás de Aquino, portanto temos que chegar a uma causa primordial que ela mesma não tenha causa. Alguma coisa que tenha iniciado todas as outras e que não tenha causa ela mesma; ou seja, que tenha sempre estado ali. E essa coisa definitivamente é Deus.

Há duas hipóteses conflitantes neste ponto, duas hipóteses alternativas entre si. Uma é que o universo sempre esteve aqui, e a outra é que Deus sempre esteve aqui. Por que fica imediatamente óbvio que uma delas é mais provável do que a outra? Ou, em outras palavras, se dizemos que Deus criou o universo, faz sentido perguntar em seguida: "E quem criou Deus?".

Praticamente toda criança faz essa pergunta, e é silenciada pelos pais, que dizem a ela para não fazer perguntas embaraçosas. Mas como é possível dizer que Deus criou o universo sem se dar ao trabalho de perguntar de onde veio Deus? Como isso pode ser mais satisfatório do que dizer que o universo sempre existiu?

Na astrofísica moderna existem duas opiniões concorrentes. Em primeiro lugar, não tenho nenhuma dúvida, e acho que quase todos os astrofísicos concordam, as evidências da expansão do universo, o recesso mútuo das galáxias e aquilo que é chamado de radiação de corpo negro de fundo de três graus, tudo isso indica que há mais ou menos 13 ou 15 bilhões de anos toda matéria do universo estava comprimida num volume extremamente pequeno, e que uma coisa que certamente pode ser chamada de explosão aconteceu naquela época, e que a expansão subseqüente do universo e a condensação da matéria levaram galáxias, estrelas, planetas, aos seres vivos e a todo resto dos detalhes do universo que observamos a nossa volta.

Mas o que aconteceu antes disso? Há duas opiniões. Uma é: "Não faça essa pergunta", que é bem próximo de dizer que foi Deus quem fez isso. E a outra é que vivemos num universo oscilante no qual há um número infinito de expansões e contrações*. Estamos a cerca de 15 bilhões de anos da última expansão. E daqui a, digamos, 80 bilhões de anos, a expansão vai parar, para ser substituída por uma compressão, e toda matéria vai se juntar num volume bem pequeno, expandindo-se de novo depois, sem deixar nenhum respingo de informação no processo de expansão.

A primeira opinião, por acaso, é próxima da visão judaico-cristã-islâmica, e a segunda é mais próxima das visões tradicionais do hinduísmo. E assim, se vocês quiserem, é possível pensar nas várias disputas entre essas duas visões religiosas principais que são travadas no campo da astronomia contemporânea por satélite. Porque é de lá que a resposta a essa dúvida muito provavelmente sairá. Existe matéria suficiente no universo para evitar que a expansão continue para sempre, de forma que a autogravidade interrompa a expansão e venha a contração? Ou não existe matéria suficiente no universo para evitar a expansão, e assim tudo vai se expandir para sempre? Essa é uma pergunta experimental. E é bem provável que tenhamos a resposta antes de morrer. E ressalto que se trata de uma abordagem muito diferente da abordagem teológica usual, em que jamais pode ser feito um experimento para testar questões que sejam alvo de disputa. Aqui há um experimento. Assim, não temos que tomar decisões agora. Só temos que manter alguma tolerância à ambigüidade até que os dados estejam em nosso poder, o que pode acontecer em uma década ou até

---

* Em 1998 duas equipes internacionais de astrônomos descreveram, de forma independente uma da outra, evidências inesperadas de que a expansão do universo está se acelerando. Essas descobertas sugerem que o universo não está oscilando, mas que vai continuar se expandindo para sempre.

menos. É possível que o telescópio espacial Hubble, programado para ser lançado no próximo verão, forneça a resposta para essa questão. Não é garantido, mas é possível*.

Aliás, nessa questão sobre quem é mais velho, Deus ou o universo, na realidade há uma matriz de três por três: Deus pode sempre ter existido, mas não vai existir por todo futuro. Isso quer dizer que Deus pode não ter tido um começo, mas pode ter um fim. Deus pode ter tido um começo, mas não ter fim. Deus pode não ter nem começo nem fim. A mesma coisa com o universo. O universo pode ser infinitamente antigo, mas vai acabar. O universo pode ter começado em um período de tempo definido atrás, mas vai existir para sempre, ou ele pode ter sempre existido e nunca acabar. Estas são apenas as possibilidades lógicas. E é curioso que o mito humano contemple algumas dessas possibilidades, mas outras não. Acho que no Ocidente está bem claro que o modelo do ciclo da vida, humana ou animal, foi imposto ao cosmos. É uma coisa natural de se pensar, mas depois de certo tempo acho que suas limitações ficam claras.

Também devo falar um pouco da Segunda Lei da Termodinâmica. Um argumento que às vezes é usado para justificar a crença em Deus é que a Segunda Lei da Termodinâmica afirma que o universo como um todo está em deterioração; isto é, que a quantidade líquida de ordem no universo tem que decair. O caos precisa aumentar conforme o tempo avança; isto é, no universo inteiro. Ela não afirma que numa determinada localização, como a Terra, a quantidade de ordem não possa aumentar, e claramente ela aumentou. Os seres vivos são muito mais complexos, muito mais ordenados do que as matérias-primas a partir das quais a vida se formou há cerca de 4 bilhões de anos. Mas esse aumento na ordem

---

* Telescópios com base na Terra forneceram a resposta em 1998. Consulte a nota anterior.

na Terra acontece, é fácil calcular, à custa da redução na ordem no Sol, que é a fonte da energia que impulsiona a biologia terrestre. Não está nada claro, aliás, que a Segunda Lei da Termodinâmica se aplique ao universo como um todo, porque é uma lei experimental, e não temos experiências com o universo como um todo. Sempre acho curioso, porém, o fato de as pessoas que querem aplicar essa segunda lei a questões teológicas não questionarem se Deus está sujeito a ela. Porque, se Deus estivesse sujeito à Segunda Lei da Termodinâmica, precisaria ter um tempo de vida finito. Observamos novamente o uso assimétrico dos princípios da física quando a teologia se confronta com a termodinâmica.

Aliás, também, se houve uma causa primeira sem causa, isso de forma nenhuma implica algo sobre onipotência ou onisciência, sobre compaixão ou mesmo sobre monoteísmo. E Aristóteles, de fato, deduziu várias dezenas de causas primordiais em sua teologia.

O segundo argumento ocidental tradicional que usa a razão para explicar Deus é o argumento do design, do qual já falamos, tanto em seu contexto biológico como na recente reencarnação astrofísica chamada princípio antrópico. É na melhor das hipóteses um argumento derivado da analogia; isto é, algumas coisas foram feitas por seres humanos e existem coisas mais complexas que não foram feitas por nós, portanto talvez elas tenham sido feitas por um ser inteligente mais sábio do que nós. Pode ser, mas não é um argumento convincente. Tentei ressaltar anteriormente quanto os equívocos de compreensão, a falta de imaginação e especialmente o escasso conhecimento de novos princípios subjacentes podem nos induzir ao erro com o argumento do design. As sacadas extraordinárias de Charles Darwin quanto ao lado biológico do argumento do design são uma clara advertência de que pode haver princípios que por enquanto não divisamos sustentando a aparente ordem.

Certamente há muita ordem no universo, mas também há muito caos. Os centros das galáxias costumam explodir e, se houver mundos habitados ou civilizações ali, elas são destruídas aos milhões, com cada explosão do núcleo galáctico ou quasar. Não se parece muito com um deus que saiba o que está fazendo. Parece mais um deus aprendiz e atrapalhado. Talvez eles sejam iniciados nos centros das galáxias e depois, quando adquirem um pouco de experiência, sejam transferidos para tarefas mais importantes.

E há também o argumento moral para a existência de Deus, normalmente atribuído a Emmanuel Kant, que era muito bom em mostrar as deficiências dos outros argumentos. O argumento de Kant é bem simples. É só que somos seres morais; portanto, Deus existe. Isto é, que outra maneira conhecemos de ter princípios morais?

Em primeiro lugar, vocês podem argumentar que a premissa é duvidosa. É uma questão no mínimo aberta a debates: até que ponto se pode dizer que os seres humanos são seres morais sem a existência de alguma força policial. Mas deixemos isso de lado por enquanto. Muitos animais possuem códigos de comportamento. Altruísmo, tabu do incesto, compaixão pelos jovens, isso está presente em todo tipo de animal. Crocodilos-do-nilo carregam seus ovos na boca por distâncias enormes para proteger os mais novos. Eles poderiam fazer uma omelete com eles, mas não fazem. Por que não? Porque os crocodilos que gostam de comer os ovos não deixam descendência. E depois de um tempo só sobram os crocodilos que sabem tomar conta dos filhotes. É muito fácil entender. E mesmo assim temos a impressão de que se trata de um comportamento de certa forma ético. Não sou contra tomar conta das crianças; sou totalmente a favor. Só estou dizendo que, se temos uma motivação tão poderosa para cuidar de nossas crianças e das crianças de todo planeta, isso não significa que Deus tenha nos feito agir assim. A seleção natural pode nos fazer agir assim, e quase com certeza faz. Além do mais, quando os seres humanos chegam ao ponto em que têm consciência de seu meio ambiente, conseguimos perceber as coisas, somos capazes de ver o que é bom para nossa sobrevivência como comunidade, como nação ou como espécie, e tomamos medidas para garantir nossa sobrevivência. Não é uma coisa que esteja fora do alcance da nossa capacidade. Não é claro para mim que a existência de Deus seja uma exigência para explicar o grau limitado mas definido de princípios morais e de comportamentos éticos na sociedade humana.

E há então o curioso argumento, singular no Ocidente, chamado "argumento ontológico", que costuma ser associado a [santo] Anselmo, que morreu em 1109. Dá para formular o argumento dele de maneira bem simples: Deus é perfeito. A existência é um atributo essencial para a perfeição. Portanto, Deus existe. Entenderam? Vou dizer de novo. Deus é perfeito. A existência é um atributo essencial para a perfeição. Não dá para ser perfeito sem existir, diz Anselmo. Portanto, Deus existe. Embora esse argumento por um breve período tenha conquistado pensadores bem importantes (Bertrand Russell descreve como de repente se deu conta de que Anselmo podia estar certo — durou cerca de quinze minutos), não é considerado um argumento bem-sucedido. O lógico Ernest Nagel, do século xx, descreveu-o como uma "confusão entre gramática e lógica".

O que significa "Deus é perfeito"? É preciso uma descrição independente do que constitui a perfeição. Não basta dizer "perfeito" e não perguntar o que "perfeito" significa. E como saber que Deus é perfeito? Talvez não seja esse o deus que existe, o perfeito. Talvez existam só os imperfeitos. E por que a existência é um atributo essencial da perfeição? Por que a inexistência não é um atributo essencial para a perfeição? Estamos falando de palavras. Às vezes se diz, sobre o budismo, acho que num tom simpático, que o deus deles é tão bom que não precisa nem existir. E esse é o contrapeso perfeito para o argumento ontológico. De qualquer maneira, não acho que o argumento ontológico seja convincente.

E há também o argumento da consciência. Penso, portanto Deus existe; isto é, como a consciência pode ter surgido? E realmente não sabemos nada sobre os detalhes da evolução da consciência, apenas as pinceladas mais básicas. Essa é a agenda da ciência neurológica do futuro. Mas sabemos, por exemplo, que, se uma minhoca for colocada num tubo de vidro em forma de Y, que receba, por exemplo, um choque elétrico no braço direito e comida no braço esquerdo, ela rapidamente aprende a ir para a esquerda. Será que a minhoca tem consciência, se for capaz, depois de determinado número de tentativas, de invariavelmente saber onde está a comida e onde não está o choque? E, se a minhoca tem consciência, será que um protozoário poderia ter consciência? Muitos microrganismos fototrópicos sabem se direcionar para a luz. Eles têm algum tipo de percepção interna de onde a luz está, e ninguém lhes ensinou que é bom ir para a luz. Eles têm essa informação no seu material hereditário. Está codificada em seus genes e cromossomos. Foi Deus quem colocou essa informação lá, ou ela pode ter evoluído pela seleção natural?

É evidentemente bom para a sobrevivência dos microrganismos saber onde a luz está, especialmente para aqueles que fazem fotossíntese. É evidentemente bom para as minhocas saber onde a comida está. As minhocas que não conseguirem descobrir onde está a comida vão deixar uma prole pequena. Depois de certo tempo, as que sobrevivem sabem onde a comida está. A prole fototrópica ou fototáctil tem codificado em seu material genético como achar a luz. Não está nada evidente que Deus tenha entrado nesse processo. Talvez, mas não é um argumento convincente. E a visão geral de muitos neurobiólogos, não de todos, é que a consciência é a função do número e da complexidade das ligações neuronais da arquitetura cerebral. A consciência humana é o que acontece quando se tem algo como 10^{11} neurônios e 10^{14} sinapses. Isso levanta uma série de outras perguntas. Como será a consciência com 10^{20} sinapses ou com 10^{30}? O que um ser assim teria a nos dizer, diferente do que temos a dizer às formigas? Pelo menos para mim, não parece que o argumento da consciência, o continuum de consciência percorrendo os reinos animal e vegetal, prove a existência de Deus. Temos uma explicação alternativa que parece funcionar muito bem. Não sabemos os detalhes, embora os estudos de inteligência artificial talvez possam ajudar a esclarecê-los. Mas também não sabemos os detalhes da outra hipótese. Então fica difícil dizer que se trata de uma coisa convincente.

E há o argumento da experiência. As pessoas têm experiências religiosas. Não há dúvida. Elas as vivem no mundo todo, e no mundo inteiro há semelhanças interessantes entre as experiências religiosas. São poderosas, extremamente convincentes em termos emocionais e freqüentemente levam as pessoas a remodelar suas vidas e a praticar boas ações, embora o contrário também aconteça. E aí? Não pretendo de maneira nenhuma censurar ou ridicularizar as experiências religiosas. Mas a pergunta é: alguma dessas experiências fornece evidências concretas da existência de Deus ou de deuses? Um milhão de casos de óvnis desde 1947. E, mesmo assim, pelo que sabemos, eles não correspondem — nem um único deles — a visitas de naves espaciais à Terra. Grande quantidade de pessoas pode ter experiências profundas e emocionantes, e mesmo assim isso pode não corresponder a alguma coisa concreta em termos de realidade exterior. E pode-se dizer o mesmo não só sobre os óvnis, mas sobre percepções extra-sensoriais, fantasmas, duendes, e por aí vai. Toda cultura tem esse tipo de coisa. Isso não significa que elas existam; não significa que exista nem uma só.

Lembro também que experiências religiosas podem ser causadas por moléculas específicas. Existem muitas culturas que bebem ou ingerem conscientemente essas moléculas para produzir uma experiência religiosa. O culto ao mescal por parte de índios americanos é exatamente isso, assim como o uso do vinho como sacramento em muitas religiões ocidentais. É enorme a lista de materiais usados por seres humanos para provocar uma experiência religiosa. Isso sugere que há uma base molecular para a experiência religiosa e que ela não precisa corresponder a uma realidade externa. Acho que esse é um ponto bem importante — experiências religiosas, experiências religiosas pessoais, não evidências naturais teológicas da existência de Deus, se é que existem, podem ser causadas por moléculas de complexidade limitada.

Assim, repassando esses argumentos — o argumento cosmológico, o argumento do design, o argumento da moral, o argumento ontológico, o argumento da consciência e o argumento da experiência —, devo dizer que o resultado líquido não impressiona muito. É exatamente como se estivéssemos buscando uma justificativa racional para uma coisa que torcemos para ser verdade.

E há certos problemas clássicos para a existência de Deus. Deixem-me mencionar alguns deles. Um é o famoso problema do mal. É basicamente o seguinte: considerem por um instante que o mal existe no mundo, e que ações injustas às vezes ficam sem punição. E considerem também que existe um Deus benevolente para com os seres humanos, onisciente e onipotente. Esse Deus ama a justiça, esse Deus observa todos os atos humanos, e esse Deus é capaz de intervir de forma decisiva nos assuntos humanos. Bem, para os filósofos pré-socráticos, essas quatro afirmações não poderiam ser verdadeiras ao mesmo tempo. Pelo menos uma delas teria que ser falsa. Vou dizer de novo quais são elas. Que o mal existe, que Deus é benevolente, que Deus é onisciente, que Deus é onipotente. Tratemos de cada uma.

Em primeiro lugar, vocês podem dizer: "Bem, o mal não existe no mundo. Não conseguimos ver o panorama completo, o de que o pequeno reservatório de maldade daqui está cercado por um mar enorme de bondade que Ele permite". Ou, como diziam os teólogos medievais: "Deus usa o Diabo para seus próprios fins". É claramente o argumento dos três macacos, do "não ouça o mal...", e já foi descrito por um importante teólogo contemporâneo como um insulto gratuito à humanidade, um sintoma da falta de sensibilidade e da indiferença em relação ao sofrimento humano. Ter certeza de que todas as desgraças e agonias por que passam homens e mulheres são apenas ilusórias. Pesado.

Trata-se claramente de torcer para que os fatos perturbadores possam acabar se simplesmente os chamarmos de alguma outra coisa qualquer. Alega-se que alguma dor é necessária pelo bem maior. Mas exatamente por quê? Se Deus é onipontente, por que Ele não pode dar um jeito de não haver dor? Parece-me um ponto muito revelador.

As outras alternativas são que Deus não é benevolente ou piedoso. Epicuro sustentou que Deus era bom, mas que os seres humanos eram a última de Suas preocupações. Várias religiões orientais têm um pouco desse pensamento. Ou Deus não é onisciente; Ele não sabe tudo; Ele está ocupado em algum outro lugar e por isso não sabe que os seres humanos estão com problemas. Uma maneira de pensar isso é que existem várias vezes 10^{11} mundos em cada galáxia e várias vezes 10^{11} galáxias, e Deus está ocupado.

A outra possibilidade é Deus não ser onipotente. Ele não pode fazer tudo. Talvez tenha conseguido criar a Terra ou a vida, intervir ocasionalmente na história da humanidade, mas não pode ficar preocupado todo dia em acertar as coisas aqui na Terra. Não reivindico saber quais dessas quatro possibilidades está certa, mas fica claro que há uma contradição fundamental no cerne da visão teológica ocidental, causada pelo problema do mal. E li o relato sobre uma conferência teológica recente dedicada a esse problema, e ele era claramente um motivo de vergonha para os teólogos reunidos.

Isso levanta uma outra pergunta — uma pergunta relacionada a essa idéia —, que tem a ver com a microintervenção. Por que, afinal, é necessário que Deus intervenha na história da humanidade, nos assuntos humanos, como presumem quase todas as religiões?

Que Deus ou os deuses desçam à Terra e digam aos seres humanos: "Não, não faça isso, faça aquilo, não se esqueça disso, não reze desse jeito, não idolatre ninguém mais, mutile seus filhos assim assim". Por que existe uma lista tão longa de coisas que Deus pede às pessoas que façam? Por que Deus não fez do jeito certo de uma vez? Você criou o universo, então pode fazer qualquer coisa. Consegue antever as conseqüências futuras dos seus atos presentes. Quer certo objetivo. Por que não acerta as coisas desde o começo para que ele seja alcançado? A intervenção de Deus nos assuntos humanos revela incompetência. Não digo incompetência em escala humana. É claro que todas as idéias de Deus são muito mais competentes do que o mais competente dos seres humanos. Mas não revela onicompetência. Mostra que há limitações.

Concluo, portanto, que os argumentos teológicos naturais para a existência de Deus, o tipo do qual falamos, simplesmente não são muito convincentes. Eles correm no encalço das emoções, na tentativa de acompanhá-las. Mas não fornecem nenhum argumento satisfatório em si. E é perfeitamente possível imaginar que Deus, não um deus onipotente e onisciente, só um deus razoavelmente competente, poderia ter criado provas absolutamente indubitáveis da Sua existência. Deixem-me dar alguns exemplos.

Imaginem que exista um conjunto de livros sagrados em todas as culturas, em que haja algumas frases enigmáticas que Deus ou os deuses tenham pedido a nossos ancestrais para transmitir sem modificações para o futuro. É muito importante que elas estejam certas em todos os detalhes. Por enquanto, isso não é muito diferente das circunstâncias reais dos supostos livros sagrados. Mas imaginem que as frases em questão fossem frases que hoje reconheceríamos, mas que não pudessem ser reconhecidas naquele tempo. Um exemplo simples: o Sol é uma estrela. Ninguém sabia disso, por exemplo, no século vi a.C., quando os judeus estavam no exílio na Babilônia e absorveram a cosmologia babilônica dos principais astrônomos da época. A antiga ciência babilônica é a cosmologia que ainda está consagrada no Gênese. Imagine que a história fosse: "Não se esqueçam, o Sol é uma estrela". Ou: "Não se esqueçam, Marte é um lugar ferrugento com vulcões. Marte, sabem, aquela estrela vermelha? Aquilo é um mundo. Tem vulcões, é cor de ferrugem, ali existem nuvens, já existiram rios. Eles já não existem mais. Vocês entenderão isso mais tarde. Confiem em mim. Por enquanto, não se esqueçam".

Ou: "Um corpo em movimento tende a permanecer em movimento. Não achem que os corpos têm que ser movidos para continuar se movimentando. Na verdade é exatamente o contrário. Mais para a frente vocês entenderão que, se não houver atrito, um objeto em movimento permanecerá em movimento". Dá para imaginar os patriarcas coçando a cabeça espantados, mas afinal de contas é Deus que está dizendo. Eles iriam então copiar tudo direitinho, e esse seria um dos muitos mistérios dos livros sagrados que chegariam ao futuro, até que reconhecêssemos sua veracidade, percebêssemos que ninguém naquela época poderia ter descoberto aquilo e, portanto, deduzíssemos a existência de Deus.

É possível imaginar coisas desse tipo em muitos casos. Que tal: "Não viajarás mais rápido do que a luz"? Tudo bem, vocês podem argumentar que ninguém estava sob risco iminente de desobedecer a este mandamento. Teria sido uma curiosidade: "Não entendemos este aqui, mas obedecemos a todos os outros". Ou: "Não existem sistemas de referência privilegiados". Ou que tal equações? As leis de Maxwell em hieróglifos egípcios, em ideogramas do chinês antigo ou em hebraico antigo. E com todos os termos definidos: "Este é o campo elétrico, este é o campo magnético". Não sabemos o que são essas coisas, mas vamos copiá-las e, mais tarde, é isso, são as leis de Maxwell ou a equação de Schrödinger.

Qualquer coisa desse tipo teria sido possível se Deus existisse e quisesse nos dar provas da Sua existência. Ou na biologia. Que tal: "Duas fitas entrelaçadas são o segredo da vida"?. Vocês podem dizer que os gregos estavam perto, por causa do caduceu. No exército americano, todos os médicos usavam o caduceu na lapela, e várias empresas de seguro-saúde também o usam. E ele está ligado, se não à existência da vida, pelo menos ao ato de salvá-la. Mas são bem poucos os que usam isso para dizer que a religião correta é a religião dos gregos antigos, porque eles tinham o único símbolo que sobreviveu ao escrutínio crítico mais tarde.

Essa questão das provas da existência de Deus, se Deus tivesse querido nos dar alguma, não precisa ficar restrita a esse método meio questionável de fazer declarações enigmáticas a sábios antigos e torcer para que elas sobrevivam. Deus poderia ter gravado os Dez Mandamentos na Lua. Bem grande. Cada mandamento com dez quilômetros de comprimento. E ninguém poderia vê-los da Terra, até que um dia grandes telescópios fossem inventados ou uma nave espacial se aproximasse da Lua, e lá estariam eles, gravados na superfície lunar. As pessoas diriam: "Como aquilo foi parar lá?". E haveria então várias hipóteses, a maioria delas extremamente interessante.

Ou por que não um crucifixo de cem quilômetros na órbita da Terra? Certamente Deus seria capaz de fazer isso. Certo? É claro, não criou o universo? Uma coisinha simples como colocar um crucifixo na órbita da Terra? Perfeitamente possível. Por que Deus não faz esse tipo de coisa? Ou, em outras palavras, por que Deus seria tão claro na Bíblia e tão obscuro no mundo?

Acho que essa é uma questão grave. Se acreditamos, como defende a maioria dos grandes teólogos, que a verdade religiosa só ocorre quando há uma convergência entre o nosso conhecimento do mundo natural e a revelação, por que essa convergência é tão frágil, se poderia com facilidade ser tão mais consistente?

Assim, para concluir, gostaria de citar, de Protágoras, do século v a.C., as primeiras linhas de seu *Ensaio sobre os deuses*: "Acerca dos deuses não tenho como saber nem se eles existem nem se eles não existem, nem qual sua aparência. Muitas coisas impedem meu conhecimento. Entre elas, o fato de que eles nunca aparecem".

7. A experiência religiosa

Voltem algumas centenas de milhares de anos em pensamento. Quem conseguir fazer isso terá demonstrado algumas das questões que já considerei duvidosas, mas deixemos a reencarnação de lado e tentemos pensar quais eram as circunstâncias da maior parte do período de existência da espécie humana na Terra. Isso com certeza é relevante para qualquer tentativa de entender nossas circunstâncias atuais.

A família humana tem milhões de anos, a espécie humana talvez 1 milhão, com certo grau de incerteza. Durante a maior parte desse período, não tínhamos nada que se aproximasse da tecnologia atual, da organização social atual ou das religiões atuais. E mesmo assim nossas predisposições emocionais estavam fortemente determinadas naquele tempo. Quaisquer que fossem nossos sentimentos, pensamentos e visão de mundo naquela época, devem ter sido vantajosos em termos de seleção, porque nos demos muito bem. Neste planeta somos certamente o organismo dominante, num tamanho médio. Dá até para defender que os organismos dominantes em escalas menores sejam os besouros ou as bactérias, mas na nossa escala, pelo menos, nós nos saímos bastante bem.

Quais eram aquelas características, e como saber quais são? Um jeito de saber é examinando os grupos de caçadores-coletores que ainda sobrevivem em números minúsculos no planeta. São pequenos grupos de pessoas cujo modo de vida é anterior à invenção da agricultura. O fato de os conhecermos significa que eles devem ter feito algum contato com nossa civilização global atual — e isso imediatamente indica que o estilo de vida deles está nos seus últimos dias. Eles são a essência do ser humano. Foram estudados por antropólogos dedicados, que moraram com eles, aprenderam seus idiomas, foram adotados pelo grupo nos casos que permitem que forasteiros tenham esse tipo de experiência, e podemos aprender um pouco sobre eles. Eles não são de maneira nenhuma todos iguais. É um tema amplo, chamado antropologia cultural. Não digo que seja especialista nele, mas tive a chance de passar um bom tempo com alguns dos antropólogos da linha de frente dos estudos sobre esses grupos. E acho que isso é relevante no caso da tarefa que temos diante de nós.

Existem, como disse, vários tipos de grupos, entre eles alguns que talvez consideremos absolutamente horrendos e outros que talvez consideremos incrivelmente benignos, e vou tentar dar uma idéia dos dois tipos.

Em nome do último tipo, deixem-me falar um pouco sobre o povo !kung do deserto do Kalahari, na República da Botsuana. São pessoas que hoje foram convocadas para o exército do apartheid da África do Sul, e sua cultura sofreu abusos irrecuperáveis. Mas, até cerca de vinte anos atrás, tinham sido bem estudadas. Sabemos um pouco sobre elas.

São caçadores-coletores, o que significa basicamente que os homens caçam e as mulheres coletam. Há divisão sexual do trabalho, mas há pouca hierarquia social. Não há dominação significativa dos homens sobre as mulheres. Na verdade, há bem pouca hierarquia social em geral. O que há é a especialização do trabalho. Isso é diferente de hierarquia social. As crianças são tratadas com carinho e compreensão. E há bem pouca guerra, embora às vezes eles passem por dificuldades por causa de mal-entendidos.

Houve um caso famoso, por exemplo, há algum tempo, em que um grupo de caçadores disse que tivera uma incrível sorte — uma criatura completamente nova havia sido descoberta, e dava para chegar até ela com o arco-e-flecha, a um metro, que ela não fugia. E aí dava para matá-la. Era uma vaca. O povo vizinho, os herero, protestou, e esse conflito entre dois grupos, um que ainda não tinha abandonado o estágio de caça e coleta e outro que já tinha domesticado os animais, teve que ser solucionado.

Outra pergunta interessante tem a ver com a caça. De quem é a presa que é morta? Não é do caçador que matou o animal, é do artesão que fabricou a flecha. A caça é dele. Mas isso é apenas uma questão contábil, porque todo mundo fica com um pedaço da caça — só que o flecheiro tem direito à melhor parte. Na realidade, há bem pouca noção de propriedade. Trata-se de um povo nômade, que só pode possuir o que conseguir carregar consigo — vasilhas, algumas peças de roupa e o aparato de caça, esse tipo de coisa. E mesmo algumas dessas coisas (não há propriedade pessoal) são propriedade da comunidade. Não há um chefe em si. E há uma cosmologia, há um tipo de religião, há o incentivo à experiência religiosa, que é obtida, como em muitas culturas — na verdade, em todas as culturas, que eu saiba —, em parte pelo uso de alucinógenos químicos e em parte pelo uso de comportamentos específicos: dança, transes e assim por diante. As pessoas reconhecem outros níveis de consciência, ou de experiência consciente. Consideram essas experiências religiosas ou alucinações algo de grande valor, não algo a ser ridicularizado ou a ser posto na categoria de crenças dos menos inteligentes. É uma cultura em que tradicionalmente sempre houve o que comer. Principalmente castanhas de *mongongo*, o cardápio mais comum providenciado pelas mulheres, ao passo que os homens providenciam os petiscos de carne ocasionais.

É interessante comparar esse tipo de cultura com outras que, de certo modo, por causa da parcialidade da nossa própria cultura, conhecemos bem melhor. É em culturas como a dos jivaro, na planície amazônica, que existem, neste mundo e no próximo, hierarquias de dominância impressionantes, em que sempre há alguém acima da uma pessoa, com exceção, é claro, de Deus, o Supremo Criador, que não tem ninguém acima de si. De pessoas que torturam seus inimigos, que não abraçam os filhos — na realidade, maltratam os filhos —, que se dedicam à guerra, cujo sacramento não é um alucinógeno exótico, e sim o etanol, o álcool etílico comum (quer dizer, comum em nossa sociedade). E, em praticamente todos os aspectos que acabei de mencionar, têm um modo completamente diferente de encarar o mundo.

Essas duas visões — poderíamos classificar uma como tendo fortíssima hierarquia social e a outra sem quase nenhuma hierarquia social — atravessam toda literatura antropológica. E há um estudo estatístico extremamente interessante feito pelo cientista social americano James Prescott, em que ele analisa a compilação de centenas de sociedades diferentes, nem todas ainda existentes, do antropólogo Robert Textor, de Stanford. Em alguns casos, por exemplo, a partir de Heródoto, é possível captar as características centrais de uma sociedade há muito tempo extinta. E Textor simplesmente lista as várias categorias na compilação. O que Prescott fez foi uma análise multivariada, uma correlação estatística — o que combina com o quê. E as coisas que aparentemente combinam são basicamente os dois conjuntos de características que acabei de descrever. Prescott acredita que haja uma relação causal. Que, na verdade, a principal diferença tenha a ver com o fato de as culturas abraçarem ou não suas crianças e permitirem ou não a atividade sexual pré-marital entre os adolescentes. Na opinião dele, essas eram as essenciais. E ele conclui que todas as culturas em que as crianças são abraçadas e os adolescentes podem manter relações sexuais acabam sem uma hierarquia social poderosa, e todo mundo fica feliz. E as culturas em que não se permite que as crianças sejam abraçadas por causa de uma proibição social e em que o tabu do sexo na adolescência é rigidamente observado acabam tendo hierarquias de forte dominação, cheias de ódio e morte.

Mas não se pode comprovar uma seqüência causal a partir de correlações estatísticas. Da mesma maneira seria possível argumentar que as formas religiosas é que determinam tudo ou que o tipo de sacramento estabebelece uma forte relação entre a sociedade e o álcool, ou a sociedade e a tortura de inimigos, a violação de mulheres, e assim por diante. Mas essas correlações mostram, no mínimo, que existem duas formas — e provavelmente grande variedade de formas — de sermos humanos. Devemos ter sempre em mente o fato de essas culturas, que pelo que sabemos não foram grandemente influenciadas pela civilização tecnológica ocidental, serem tão impressionantemente diferentes, assim como o motivo dessas diferenças.

Na verdade, se observarmos primatas não humanos, notaremos que alguns deles têm essa hierarquia de ordem de importância e outros não. E é muito provável que os seres humanos tenham gravados em si os dois tipos de comportamento: isto é, um circuito em nosso cérebro que nos permite nos encaixar facilmente — ou com poucos problemas — numa hierarquia de dominação. Afinal de contas, o establishment militar de todos os países funciona, e parte da razão de ele funcionar é que devemos ter alguma predisposição para nos encaixar numa hierarquia. E, ao mesmo tempo, devemos ter uma predisposição para sua antítese, que para facilitar chamarei de democracia. As duas têm uma coexistência instável, encontrável em qualquer democracia que tenha forças armadas, um sistema de castas ou um sistema de classes sociais.

Se vocês me permitirem, passemos então à questão da função inicial da religião e das suas origens. É claro que em nosso tempo não há observadores que tenham estado presentes há centenas de milhares de anos, e não há como fazer afirmações consistentes sobre esse assunto. Podemos no máximo ter graus diferentes de plausibilidade. Mas acho que esta é, concordem vocês ou não com cada uma das minhas teses, uma maneira bastante útil de analisar as origens da religião. E certamente não sou a primeira pessoa a fazer isso. De acordo com o que se afirma, no século V a.c. Demócrito disse: "Os antigos, ao verem o que acontece no céu, por exemplo, trovões, relâmpagos, raios, conjunções de estrelas, eclipses do Sol e da Lua, tinham medo, e acreditavam que os deuses eram a causa daquilo".

Isso é o que às vezes é chamado de animismo, a idéia de que há na natureza forças inteligentes que existem em todas as coisas. Os gregos colocavam um deusinho em cada árvore ou riacho. E tudo isso já foi brilhantemente discutido por um ex-palestrante de Gifford, sir James Frazer, em seu livro *O ramo de ouro*. Quando acreditamos na existência de um deus dos relâmpagos e não queremos ser atingidos por um relâmpago, fazemos favores ao deus do relâmpago, fazemos alguma coisa para acalmá-lo, para explicar que, se há alvos que mereçam sua atenção, não estamos entre eles. E temos então que fazer alguma coisa para demonstrar nosso respeito por ele, que não estamos sendo respondões, que nos curvamos a ele, que lhe somos reverentes. E muitas culturas têm esse tipo de apaziguamento institucionalizado, chegando às vezes até ao sacrifício humano; isto é, para mostrar como sou reverente mesmo, matarei o que me é mais caro, porque assim você não vai poder achar que estou só fingindo.

A história da ordem de Deus para que Abraão matasse seu filho, Isaque, é um exemplo da transição do sacrifício humano para o animal. Depois de certo tempo as pessoas decidiram que não valia a pena matar os próprios filhos desse jeito; em vez disso, matariam os filhos simbolicamente, escolhendo um bode e matando-o. A extinção em geral da prática do sacrifício humano e animal na evolução da religião merece, na verdade, a nossa atenção. As religiões judaicas, portanto também as islâmico-cristãs, tiveram início quando o sacrifício humano e animal estava a toda.

O que significa esse tipo de propiciação? É o desejo de que o curso da natureza seja diferente do que é. Oferece a ilusão de que, através de uma seqüência de atitudes ritualísticas, somos capazes de influenciar forças da natureza que nos são inacessíveis. E isso envolve, portanto, uma mudança do curso normal da natureza, como descreveu muito bem Ivan Turgenev: "Sempre que um homem reza, reza por um milagre. Toda prece se reduz a isso: 'Grande Deus, permita que dois mais dois não sejam quatro'". E, de uma outra tradição, cito um provérbio iídiche, que diz: "Se rezar funcionasse, estariam contratando gente para rezar".

A prece funciona ou não? Certamente ainda convivemos com ela. Certamente ela está ligada às atividades dos nossos ancestrais e, como defenderei daqui a pouco, certamente está ligada ao comportamento de todos nós quando crianças. Sir Francis Galton, primo de Charles Darwin, disse: "Aqui estamos nós, rezando por todos esses anos, e ninguém parece saber se serve para alguma coisa. Existe um teste estatístico sobre a eficácia das preces?". E ele concluiu que é óbvio que existe. Especialmente na Grã-Bretanha, porque as pessoas não apenas rezam na Grã-Bretanha, elas rezam de maneiras diferentes. Algumas pessoas são mais de rezar do que outras. As que rezam mais obtêm mais favorecimentos dos céus? Estava-se no fim da época vitoriana, quando essas idéias específicas eram ainda mais escandalosas do que hoje em dia. Segue aqui um pouquinho da abordagem de Galton, sua idéia para um protocolo científico:

Existem muitas doenças comuns cujo curso é tão profundamente compreendido a ponto de permitir a construção de tabelas precisas de probabilidade para sua duração e seu resultado. Assim são as fraturas e as amputações. Seria perfeitamente praticável dividir pacientes de diferentes hospitais que tivessem sido tratados de fraturas e amputações em dois grupos para consideração. Um consistiria de indivíduos marcadamente religiosos e com amigos piedosos, e outro de indivíduos que fossem marcadamente frios e solitários. Uma comparação honesta dos períodos respectivos de tratamento e de seus resultados manifestaria uma prova clara da eficácia da oração, se ela existir numa fração mínima do que os pregadores religiosos instam-nos a acreditar.

E ele prossegue dizendo: "Uma investigação de caráter semelhante pode ser feita quanto à longevidade das pessoas cuja vida recebe orações. Também quanto às classes que rezam em termos gerais".

Então compara a longevidade média dos soberanos à de outras classes de pessoas de riqueza igual, e fornece uma tabela com os resultados. E a conclusão que tira é a seguinte: "Os soberanos são literalmente os que menos vivem entre todos os que contam com a vantagem da riqueza", do que ele deduz que a eficácia da oração ainda não foi demonstrada.

* * *

Ora, isso não levou à criação de uma escola de pessoas que fizessem testes estatísticos sobre a eficácia da prece. É difícil entender por que não. Exceto pelo fato de que as pessoas que não acreditam na oração talvez não estejam muito interessadas, e as que acreditam estão convencidas de sua eficácia, portanto não precisam de testes estatísticos. Não há dúvida de que existe alguma coisa na oração que parece funcionar. Ela certamente proporciona conforto e consolo. É uma forma de trabalhar os problemas. É uma maneira de rever os acontecimentos, de ligar o passado ao futuro. Tem alguma coisa de bom. Mas isso não significa que faça o que dizem que faz. Não quer dizer nada sobre a existência de um deus. Não quer dizer nada em relação ao mundo exterior. É um procedimento que, em determinado grau, faz com que nos sintamos melhor.

Sustento que todo mundo começa a vida com esse tipo de atitude. Todos nós crescemos na terra dos gigantes, quando somos bem pequenos e os adultos são muito grandes. E então, através de uma série de estágios lentos, crescemos e ficamos adultos. Mas ainda fica dentro de nós, com certeza, uma parte de nossa infância que não desaparece e não cresce. Fica lá. Em seus anos de formação, você aprende pela experiência direta, de modo absolutamente irreversível, que há no universo criaturas muito maiores, muito mais velhas, muito mais sábias e muito mais poderosas do que você. E suas ligações emocionais mais fortes são com elas. E, entre outras coisas, elas às vezes ficam bravas com você, e você tem que trabalhar com a raiva. E elas lhe pedem que faça coisas que talvez você não queira fazer, e você precisa agradar-lhes, pedir desculpas, tem que fazer uma série de coisas. Agora, quão provável é crescermos e nos desligarmos totalmente dessa experiência formativa? Não é tão provável quanto ainda existir uma parte de nós praticando esse tipo de relacionamento infantil com pais e outros adultos? Será que isso não pode ter alguma coisa a ver com a oração em termos específicos e com as crenças religiosas em termos gerais?

Na verdade, essa é a opinião escandalosa de Sigmund Freud em *Totem e tabu* e *O futuro de uma ilusão*, e outros livros famosos das primeiras décadas do século xx. E a opinião de Freud é que "no fundo Deus não passa de um pai exaltado". Freud vivia na Viena do fim do século xix, numa tradição judaico-cristã bastante patriarcal, assim esse era um deus bem patriarcal. Portanto, pode ser que suas conclusões não se apliquem a todas as religiões e a todas as sociedades, mas fica muito fácil entender que tais religiões e sociedades tenham se prestado bastante à hipótese freudiana.

Para dizer de modo mais explícito, a idéia aqui é que começamos com a noção de que os nossos pais são onipotentes e oniscientes, desenvolvemos determinadas relações com eles — com graus diferentes de saúde mental nesses relacionamentos, dependendo da natureza do relacionamento entre os pais e a criança — e então crescemos e, ao crescer, descobrimos que nossos pais não são perfeitos. Ninguém é, claro. Uma parte de nós fica profundamente decepcionada. Uma parte de nós foi induzida à hierarquia de dominação e não gosta da incerteza de termos que lidar sozinhos com as coisas. Uma das muitas razões citadas para as vantagens da vida militar e outras sociedades com fortes hierarquias é que ninguém precisa pensar muito por si só. Há algo de tranqüilizador nisso. E assim, de acordo com Freud, passamos a encher o cosmos com nossas predisposições emocionais. Vocês podem achar ou não que isso explica muito sobre religião, mas é algo que para mim vale a pena levar em conta. Fiódor Dostoiévski escreveu, em *Os irmãos Karamázov*: "Desde que esteja livre, não há nada que um homem busque de forma tão incessante e dolorosa como alguém para idolatrar".

Gostaria agora de abordar um assunto relacionado a esse, que tem a ver com a influência das moléculas nas emoções e nas percepções. Com moléculas quero dizer simplesmente complexos químicos — substâncias químicas naturais do meio ambiente ou substâncias químicas sintéticas feitas em laboratório. Todos nós, é claro, sabemos que o comportamento é modificado pelas moléculas. Seres humanos no mundo todo já tiveram experiências com substâncias como o etanol, que certamente produziram mudanças no comportamento, nas atitudes e na percepção do mundo. Sabemos que tranqüilizantes também fazem isso. Mas analisemos um caso bem específico, o da síndrome maníaco-depressiva. É uma doença terrível. O maníaco-depressivo oscila entre dois extremos, e para mim é difícil dizer qual é o mais apavorante: o mais profundo desespero e uma exaltação enlevada em que tudo parece possível — a ponto de muitas vítimas dessa doença, quando estão no extremo maníaco do pêndulo, acreditarem ser Deus. E obviamente é uma coisa incapacitante. Os dois extremos são incapacitantes, e não se fica muito tempo no meio, bem como em um pêndulo, em que se anda mais devagar nos extremos do que no meio.

É uma doença presente em todas as culturas humanas, e até as últimas duas ou três décadas atrás não havia tratamento eficaz. Existe hoje, porém, algo que ameniza em grande parte a síndrome maníaco-depressiva em muitos pacientes, desde que a dose disso seja administrada de forma bem cuidadosa. As pessoas que tomam essa substância em doses regularmente controladas, várias delas, percebem que são capazes de funcionar de novo. Sua vida volta ao normal, e elas consideram isso uma grande bênção. Que substância é essa? É o lítio, um sal. O lítio é um elemento químico, o terceiro mais simples depois do hidrogênio e do hélio. É incrível que algo tão simples possa ter um efeito tão profundo numa parcela da população humana e mude não só o comportamento; quando se conversa com ex-maníacos-depressivos — isto é, maníacos-depressivos cuja doença esteja controlada pela administração regular de lítio —, o relato deles sobre a transformação que o tratamento provoca é impressionante.

Pensem nisto: quem sabe um dia todas as emoções humanas não sejam, pelo menos, compreendidas fundamentalmente dentro da terminologia da biologia molecular e da arquitetura neuronal? Se analisarmos nossa própria sociedade e outras, encontraremos grande variedade de substâncias, muitas delas bem diferentes em termos químicos, que afetam fortemente os estados de humor, as emoções e o comportamento. Não só o etanol, mas a cafeína, os cogumelos, as anfetaminas, o tetraidrocanabinol e outros canabinóides, a dietilamida do ácido lisérgico — conhecida como LSD —, os barbitúricos, a clorpromazina. É uma lista enorme.

Isso levanta algumas dúvidas: Seriam todas as emoções humanas até certo ponto determinadas por moléculas? Se uma molécula externa ingerida é capaz de mudar o comportamento, será que não existe alguma molécula interna comparável que possa mudar o comportamento? É um campo em que tem havido grandes avanços. Estou falando sobre as encefalinas e as endorfinas, que são pequenas proteínas do cérebro.

Quando em trabalho de parto, as mulheres são incrivelmente fortes para suportar a dor, e sabe-se que há muita dor no parto. Mas, nesse caso, e em muitas outras situações traumáticas, o corpo humano produz uma molécula específica que reduz nossa suscetibilidade à dor. E faz isso por razões de sobrevivência, que não são difíceis de entender. Existem receptores específicos no cérebro para essas pequenas proteínas cerebrais, e de fato os opiáceos externos ingeridos são extremamente parecidos, quimicamente, com certa encefalina que tem a ver com a resistência à dor e que é produzida dentro do corpo; isto é, parece que toda vez que uma molécula externa faz alguma coisa com as emoções humanas, existe uma molécula semelhante dentro do corpo, naturalmente produzida por ele, e é por isso que temos um receptor no cérebro para esse tipo específico de grupo molecular funcional.

Vou falar de modo menos abstrato, pela experiência pessoal. Vou ao dentista e ele me dá uma injeção de adrenalina. É uma molécula. É uma molécula produzida no corpo, mas também fora dele. E, todas as vezes que tomei essa injeção, fui invadido por duas emoções contraditórias, uma que é atacar o dentista e outra que é ir embora do consultório, e acho que as duas são compreensíveis, dadas as circunstâncias. Mas é isso que a adrenalina, o hormônio epinefrina, faz em qualquer circunstância, mesmo nas mais benignas. É a chamada síndrome da fuga ou da luta. Essa molécula deixa a pessoa agressiva ou com vontade de fugir covardemente, uma coisa ou outra. É extraordinário que duas emoções aparentemente contraditórias possam ser causadas pela mesma molécula. Mais do que extraordinário, é extremamente interessante. Basta colocarem essa molécula na sua corrente sangüínea que de repente você começa a sentir coisas. É só o resultado do fato de a molécula estar lá. Não precisa haver nada no ambiente externo. E somos capazes de entender os motivos. Imaginem nossos ancestrais remotos diante, por exemplo, de um bando de hienas, sem ter ainda deduzido que hienas mostrando os dentes são perigosas. Seria ineficiente demais nosso ancestral parar conscientemente para pensar: "Olhem, essas bestas têm dentes afiados; provavelmente conseguem comer uma pessoa. Elas estão vindo na minha direção. Talvez fosse bom eu fugir". Até aí já seria tarde demais.

O que é necessário é uma olhada rápida na hiena e a produção instantânea da molécula; você corre, e mais tarde pode parar para pensar no que aconteceu. E dá para imaginar duas populações, uma com pessoas que precisam pensar na coisa devagar, e outra com pessoas que reagem rapidamente à adrenalina. Depois de certo tempo, uns deixam grande descendência, outros não. Todo mundo acaba tendo adrenalina. Seleção natural. Não é difícil de entender como acontece. E existem, é claro, muitas outras moléculas assim.

Uma outra é a testosterona, que é produzida nos machos durante a adolescência e instiga os comportamentos bizarros que todos nós conhecemos bem. Não pretendo sugerir que quando tinha essa idade eu tenha ficado imune. Conheço pessoalmente as conseqüências da intoxicação por testosterona. Talvez imaginemos que nossos ancestrais podiam ter percebido que era útil propagar a espécie e deixar descendentes, e tivessem uma compreensão intelectual de como isso acontece. Mas isso é muito questionável. Exige uma boa dose de atividade intelectual e racionalização, e é muito mais fácil ter a coisa toda programada no cérebro e deflagrada por essa molécula depois de o relógio biológico ter avançado por certo período. E assim a presença de um integrante atraente do sexo oposto leva imediatamente àquela seqüência de eventos, e a espécie continua.

Existem muitas outras moléculas assim. As mulheres, como se sabe, têm o estrogênio e outros hormônios. Há mais hormônios sexuais do que um para cada um. As estatísticas sobre os temas dos sonhos de todos os adultos têm quase sempre o sexo lá no alto, e todo resto bem abaixo. Fica claro que, quanto mais interessadas em sexo as pessoas forem, em termos gerais, mais descendentes elas tendem a deixar, pelo menos antes da invenção dos dispositivos de contracepção, e dessa forma existe uma vantagem seletiva em todas as espécies para que elas tenham esse tipo de mecanismo interno.

Se as encefalinas, as endorfinas e os hormônios sexuais influenciam nossa atividade sexual, como fica a relação entre hormônios e religião? É verdade que as pessoas têm experiências religiosas espontâneas. Às vezes estas são provocadas por privações, como os monges que jejuam no deserto. Há várias maneiras de a privação sensorial provocar esse tipo de experiência. As experiências também acontecem espontaneamente com pessoas de culturas bem diferentes, sempre com o uso da língua local para descrever a experiência. Mas também podem ser provocadas de forma molecular. E a experiência uniforme, especialmente nos anos 1950 e 1960 — da qual Aldous Huxley e outros foram pioneiros —, foi a de que o LSD e outras moléculas desse tipo produzem experiências religiosas. E muitos religionistas se manifestaram contra, por acharem que era fácil demais; isto é, não é para as pessoas terem experiências religiosas sem passar por algum tipo significativo de privação pessoal. Só tomar quinhentos microgramas sei lá do quê num comprimido era considerado fácil demais.

Digamos que exista uma molécula que produza uma experiência religiosa, seja qual for essa experiência. Como isso acontece? Praticamente toda vez que alguém toma a molécula, tem uma experiência religiosa. Isso não sugere que exista uma molécula natural, fabricada pelo corpo, cuja função seja produzir experiências religiosas, pelo menos de vez em quando? Vamos dar um nome a ela, já que ela ainda não foi descoberta — e, é claro, pode nem existir —; um nome bom seria "teofilina", mas esse já foi usado para uma droga contra a asma. E acho que "teotoxina" seria tendencioso demais. Vamos chamá-la então de "teoforina", um material que faz com que se fique religioso.

Qual poderia ser a vantagem seletiva da teoforina? Como ela teria surgido? Por que existiria? Em primeiro lugar, qual é a natureza da experiência? A natureza da experiência tem, como disse, vários aspectos distintos. Mas um dos aspectos uniformes é uma intensa sensação de temor e humildade diante de um poder imensamente maior do que nós. E isso me soa bem parecido com uma molécula ligada à hierarquia de dominação, ou parte de um grupo de moléculas cuja função seja nos encaixar em hierarquias — para nos deixar aptos a buscar, como disse Dostoiévski, nada tão incessante e dolorosamente quanto alguém a quem idolatrar e obedecer.

O que isso tem de positivo? Por que teria alguma vantagem seletiva? No mínimo produziria um conformismo social ou, para falar em termos mais favoráveis, garantiria a estabilidade social e a moralidade. E essa é, evidentemente, uma das principais justificativas para a religião. Qualquer aspecto cosmológico das divindades é um atributo totalmente independente. Pense em como baixamos a cabeça para rezar, fazendo um gesto de submissão que pode ser observado em muitos outros animais em deferência ao macho alfa. A Bíblia manda que não olhemos para o rosto de Deus, senão morreremos na hora. Machos submissos de muitas espécies, incluindo a nossa, desviam os olhos do macho alfa. Na corte de

Luís xiv, quando o rei passava, era precedido por gritos de "*Avertez les yeux!* Desviem os olhos! Não olhem para cima. Ele está passando". E até hoje muitos animais com gosto pela dominação podem se tornar agressivos só de serem olhados nos olhos.

Não defendo que isso seja o mesmo que todos os aspectos da experiência religiosa. Acho que a diferença entre a experiência religiosa e as religiões burocráticas é como a diferença entre, por exemplo, sexo com amor e sexo sem amor. E os seres humanos, como se vê, acrescentaram algo de profundo e belo aos dois casos de reflexo molecular. Talvez essa descrição soe de mau gosto ou seja difícil de engolir para muita gente e, se for esse o caso, peço desculpas. Mas, se tratarmos a origem da religião e da experiência religiosa como uma questão científica, vamos ter que perguntar: "Que aspectos essenciais da experiência religiosa não são incluídos nessa hipótese?", e lembrar que isso, pelo menos a princípio, é passível de teste ao se encontrar a teoforina, e aí então poderá haver um grande número de experimentos controlados para fazer testes bem detalhados.

Esteja ou não essa explicação correta, não há dúvida de que a religião tem tido historicamente o papel de fazer com que as pessoas se contentem com o que possuem. E até hoje se costuma argumentar que a veracidade ou a falsidade da doutrina religiosa importa menos do que o grau de estabilidade social que ela proporciona. Pessoas que, sem culpa nenhuma, na sua sociedade têm muito menos em termos de bens materiais ou de respeito, ouvem em muitas religiões: "Isso não interessa nesta vida. É, parece que hoje sua situação é ruim, mas isso é só um piscar de olhos. O que realmente interessa é a outra vida, e lá a justiça cósmica implacável está esperando por você. Todos os que são injustamente favorecidos pelos prêmios desta vida serão punidos na próxima, enquanto vocês, lenhadores e carregadores, os humildes que se contentam com o que têm nesta vida, serão elevados à glória na próxima".

Talvez seja verdade. Mas não é muito difícil perceber que uma doutrina como essa seria bastante atraente para as classes dominantes de uma sociedade. Ela aplaca qualquer tendência revolucionária e até reclamações menos graves, portanto é utilíssima. Muitas sociedades, só por isso, incentivam o conformismo que a promessa religiosa do paraíso proporciona.

Muitas religiões estabelecem um conjunto de preceitos — coisas que as pessoas têm que fazer — e afirmam que essas instruções foram dadas por um deus ou por deuses. O primeiro código legal, de Hamurabi, da Babilônia, por exemplo, em 2000 a.C., foi entregue a ele pelo deus Merodaque, ou pelo menos foi o que ele disse. Como há muito poucos merodaquianos hoje em dia, acho que ninguém vai ficar ofendido se eu insinuar que se trata de uma enganação, um golpe piedoso. Que, se Hamurabi tivesse simplesmente dito "Aqui está o que acho que todo mundo tem que fazer", ele teria tido muito menos sucesso, mesmo sendo rei da Babilônia, do que dizendo "Deus diz que vocês devem fazer isso".

Admito que o próximo passo, dizer que outros legisladores mais conhecidos hoje em dia estão na mesma situação, pode provocar certa revolta com a heresia, mas peço a vocês que mesmo assim pensem bem na questão. Não é provável que, em tempos mais primitivos, em circunstâncias menos sofisticadas, quem quisesse impor determinado conjunto de princípios de comportamento alegasse que eles lhes tinham sido entregues por deus, ou por deuses?

No minuto em que alguém diz que a crença religiosa e a moralidade convencional são necessárias para a manutenção da sociedade, levanta a suspeita de que se trate de instrumentos que aqueles que controlam o país usam para manter todo mundo na linha.

E eu gostaria de mergulhar de cabeça numa questão contemporânea para tornar esse assunto um pouquinho menos abstrato. Todo mundo sabe o que está acontecendo na África do Sul, com o apartheid. Queria só chamar a atenção de vocês para uma coisa produzida recentemente, chamada Documento Kairós, nome derivado de uma palavra grega que significa "a hora da verdade". Foi escrito por cristãos comprometidos de todas as raças, que são contra o sistema do apartheid na África do Sul. E, no contexto do que acabamos de falar, deixem-me parafrasear alguns parágrafos para dar uma idéia da coisa. O documento afirma que a teologia de Estado da África do Sul utiliza quase exclusivamente a visão do apóstolo Paulo, a do Estado como poder "ordenado por Deus" e que exige obediência. Vem da frase "A César o que é de César", sem nenhuma explicação detalhada de como se faz isso. O regime coloca o conceito de lei e ordem acima de todos os outros tipos de moralidade.

O documento prossegue afirmando que "na crise atual e especialmente durante o Estado de Emergência, a 'Teologia de Estado' tentou restabelecer o status quo da discriminação, da exploração e da opressão organizadas, apelando à consciência de seus cidadãos em nome da lei e da ordem".

E depois:

Esse Deus é um ídolo. É tão perverso, sinistro e cruel quanto os ídolos que os profetas de Israel tiveram que enfrentar [...] Temos aqui um Deus que está historicamente do lado dos colonizadores brancos, que expulsa os negros de suas terras e dá a maior parte delas para seu "povo escolhido." [...] É o Deus do gás lacrimogêneo, das balas de borracha, do açoite, das celas e das penas de morte. Temos aqui um Deus que exalta os arrogantes e diminui os pobres, exatamente o contrário do Deus da Bíblia [...]

Não é bem raro que as religiões — especialmente religiões estabelecidas — assumam a liderança no confronto com autoridades civis quando uma injustiça monstruosa está sendo cometida?

Não é freqüente que as autoridades religiosas peguem o caminho mais seguro e contemporizem, ou falem sobre a vida após a morte, ou falem de mudanças graduais, ou digam que isso não é função da religião? E, por outro lado, não é freqüente que as religiões estabelecidas façam pronunciamentos autoritários sobre questões científicas, questões factuais, questões em que correm o risco desesperador de ser desmentidas pela próxima descoberta?

Essa idéia foi muito bem resumida por Pierre-Simon, o marquês de Laplace, um dos grandes cientistas da era pós-newtoniana, e também um dos partidários da Revolução Francesa. Em seu *Exposição do sistema do mundo*, em 1796, ele disse: "Longe de nós ser a máxima perigosa que às vezes é útil para iludir, para enganar, para escravizar a humanidade e garantir sua felicidade".

Tentei com essa fala dar uma idéia melhor de como se pode, de várias maneiras, desde pela química cerebral até pelo desejo dos establishments políticos de manter o poder, entender alguns dos aspectos principais da crença religiosa. De modo nenhum isso significa que as religiões não tenham nenhuma função, ou nenhuma função positiva. Elas proporcionam, de forma bastante significativa, e sem armadilhas místicas, padrões éticos para adultos, histórias para crianças, organização social para adolescentes, cerimônias e ritos de passagem, história, literatura, música, consolo em épocas de luto, continuidade com o passado e fé no futuro. Mas há muitas outras coisas que elas *não* proporcionam.

Gostaria de concluir com uma citação de Bertrand Russell, de seus *Ensaios céticos*, publicados em 1928. Já vou advertir, a coisa recende à ironia:

> Gostaria de propor para a consideração favorável do leitor uma doutrina que, temo eu, pode parecer loucamente paradoxal e subversiva. A doutrina em questão é a seguinte: não é desejável acreditar numa proposição quando não há base nenhuma para supor que

ela seja verdade. Devo é claro admitir que se uma opinião como essa se tornasse comum ela transformaria completamente nossa vida social e nosso sistema político. Como ambos são atualmente impecáveis, isso deve pesar contra a idéia.

8. Crimes contra a criação

Tradição é uma coisa preciosíssima, uma espécie de destilado de dezenas ou centenas de milhares de gerações de seres humanos. É um presente dos nossos ancestrais. Mas é essencial lembrar que a tradição é inventada por seres humanos, e com propósitos perfeitamente pragmáticos. Se em vez disso acreditarmos que as tradições vêm de um deus dominador e acharmos que a sabedoria tradicional foi entregue diretamente por uma divindade, ficaremos muito mais escandalizados com a idéia de questionar as convenções. Mas, num tempo em que o mundo muda muito rápido, sugiro que a sobrevivência pode depender exatamente de nossa capacidade de mudar rapidamente em face da mudança nas condições. Vivemos exatamente nessa época.

Pensem nas circunstâncias do nosso passado. Imaginem nossos ancestrais, um pequeno grupo nômade e itinerante de caçadores-coletores. Com certeza houve uma mudança na vida deles. A última era do gelo deve ter sido um enorme desafio, entre 10 mil e 20 mil anos atrás. Deve ter havido secas, e diferentes animais de repente migraram para a região deles. É claro que há mudanças.

Mas na grande maioria dos casos as mudanças ocorrem de forma extraordinariamente lenta. A mesma tradição de lascar pedra para fazer lanças e pontas de flecha, por exemplo, persiste nos sítios paleoantropológicos da África oriental por dezenas ou centenas de milhares de anos.

Numa sociedade assim, as mudanças externas foram lentas em comparação ao tempo de vida das gerações humanas. Naquela época, a sabedoria tradicional, as prescrições dos pais, eram perfeitamente válidas e continuavam adequadas por gerações e gerações. As crianças eram quem mais prestava atenção a essas tradições, porque elas representavam uma espécie de elixir da sabedoria das gerações anteriores; eram constantemente postas à prova, e constantemente funcionavam. Não era por acaso que se veneravam os ancestrais. Eles eram heróis para as gerações seguintes, porque transmitiam uma sabedoria capaz de preservar vidas e salvá-las.

Comparem isso agora com outra realidade, uma em que as mudanças externas, sociais, biológicas, climáticas, ou o sabe-se lá o que mais, sejam rápidas se comparadas ao tempo de uma geração humana. Aí a sabedoria dos pais pode não ser relevante para as circunstâncias atuais. Aí o que aprendemos quando jovens pode ter relevância duvidosa para as circunstâncias do momento. Aí há um conflito intergeracional, e esse conflito não fica restrito ao âmbito intergeracional, mas também acontece de forma intrageracional, internamente, porque a parte de nós que foi treinada vinte anos antes, por exemplo, entra em conflito com a parte de nós que está tentando lidar com as dificuldades do hoje. Defendo, portanto, que há duas maneiras bem diferentes de pensar nessas circunstâncias: quando as mudanças são lentas em relação ao tempo de uma geração e quando as mudanças são rápidas em relação ao tempo de uma geração. São estratégias de sobrevivência diferentes. E também gostaria de sugerir que jamais houve uma época na história da espécie humana com tantas mudanças quanto a nossa. Na verdade, é possível afirmar que, em muitos aspectos, jamais haverá um tempo com mudanças tão rápidas quanto as que acontecem na nossa geração.

Pensem, por exemplo, nos transportes e nas comunicações. Há somente alguns poucos séculos, o meio de transporte mais rápido era o lombo do cavalo. Hoje é basicamente o míssil balístico intercontinental. Em velocidade, é um avanço de dezenas de quilômetros por hora para dezenas de quilômetros por segundo. Um aperfeiçoamento muito significativo. Na comunicação, alguns séculos atrás, excetuando os sistemas de semáfora e sinais de fumaça, raramente usados, a velocidade da comunicação era também a velocidade do cavalo. Hoje a velocidade da comunicação é a velocidade da luz, e nada pode ir mais rápido. E isso representa uma mudança de dezenas de quilômetros por hora para 300 mil quilômetros por segundo. E nunca mais essa velocidade aumentará.

O mundo fica bem diferente quando o mais rápido que um recado pode chegar até nós passa da velocidade de um cavalo ou de uma caravela para a velocidade da luz. A velocidade da luz significa que podemos falar — praticamente em tempo real — com qualquer pessoa na Terra ou até na Lua. Ou pensem na medicina. Há alguns séculos, a maioria das crianças que nascia nas mansões da Europa morria durante a infância. E tinham o atendimento médico mais exemplar da época. Hoje, até povos bem pobres têm uma taxa de mortalidade infantil incrivelmente menor do que a dos coroados chefes de Estado do século xvii. Ou pensem na disponibilidade dos métodos seguros e baratos de controle da natalidade. Isso significa de forma imediata uma revolução nas relações humanas e especialmente no status das mulheres. Tudo isso aconteceu muito recentemente, e podemos pensar em muitíssimas outras coisas, todas envolvendo não apenas uma mudança nos detalhes técnicos da nossa vida, mas mudanças no modo como pensamos em nós mesmos e no mundo. Mudanças muito grandes, portanto não uma circunstância na qual, por exemplo, a sabedoria do século

VI a.C. seja necessariamente relevante. Pode ser, mas pode não ser. E assim, também por esse motivo — especialmente por esse motivo, a sabedoria apóia-se não simplesmente na adesão cega a preceitos do passado, mas na investigação vigorosa, cética e criativa de uma ampla variedade de alternativas.

Para mim, pessoalmente, o tipo de ciência que faço seria completamente inimaginável em outros tempos. Vejo-me engajado na exploração de mundos próximos por naves espaciais, algo que seria considerado da mais fértil imaginação apenas duas gerações atrás, quando a Lua era o paradigma do inatingível. Alguns de vocês vão se lembrar dos poemas e músicas populares — "Fly me to the moon" — que significavam pedir o impossível. Só que, no nosso tempo, uma dúzia de seres humanos já caminhou na superfície da Lua. E, como ressaltarei na fala de amanhã, essa mesma tecnologia que nos permite viajar para outros planetas e estrelas também nos permite nos destruir — em escala global, uma escala inédita em toda história humana, e a simples consciência dessa possibilidade, mesmo que tenhamos a sorte de isso nunca acontecer, influencia fortemente a vida de todas as pessoas que estão crescendo no nosso tempo, de maneira que jamais tinha ocorrido em nenhuma outra geração da história da humanidade.

Dediquei boa parte do meu tempo nos últimos vinte anos à exploração do sistema solar. Nossos emissários robôs deixaram a Terra, visitaram todos os planetas que nossos ancestrais conheciam, de Mercúrio a Saturno, e examinaram cerca de quarenta mundos menores, os satélites daqueles planetas. Voamos perto de todos esses mundos, e entramos na órbita de três deles para depois pousar neles: a Lua, Vênus e Marte. Existe quase 1 milhão de fotografias em close de outros mundos em nossas bibliotecas. E é uma experiência incrível. Escolhemos um mundo que os seres humanos não conheciam e, pela primeira vez, ele é explorado. É a continuidade do espírito de aventura que, para mim, tem sido uma das forças que impulsionam a história da humanidade. Os mundos são lindos. São singulares. É uma experiência estética observá-los.

No caso de Marte, por causa das missões das sondas *Viking*, ficamos na superfície do planeta por alguns anos, pelo menos em dois locais, e examinamos o ambiente praticamente todo dia. Eu pessoalmente passei, de certo modo, um ano em Marte durante aquela missão. Passei boa parte do meu tempo acordado pensando em Marte. Agora, ao final dessa experiência, sinto uma coisa que não tinha planejado. E é que esses mundos, por mais interessantes e instrutivos que sejam, são, pelo que podemos dizer neste momento, desprovidos de vida. Não há, naquele belo panorama marciano, nem uma só pegada, nem um artefato, nem mesmo uma lata velha de cerveja, nem uma folhinha de grama, nem um rato-canguru, nem mesmo, pelo que sabemos, um micróbio. Marte, a Lua e Vênus, que se saiba — os únicos nos quais pousamos —, são totalmente desprovidos de vida. Talvez haja vida em algum lugar que não tenhamos observado nesses mundos. Talvez tenha havido vida e não haja mais. Talvez um dia haja vida. Mas, pelo que sabemos aqui e agora, não há vida nenhuma.

Depois desse tipo de experiência, você olha de novo para o seu próprio mundo e começa a ter um carinho especial por ele. Você admite que o que temos aqui é em certo sentido raro. Como já defendi antes, desconfio que a vida e a inteligência sejam um lugar-comum cósmico. Mas não tão comum a ponto de existir em todos os mundos. E na verdade é possível que descubramos que no sistema solar só haja vida neste mundo.

Isso revela que a vida não é garantida, que a vida exige algo de especial, algo de improvável. Não estou nem por um segundo sugerindo que exija uma intervenção milagrosa, divina ou mística. Mas, num mundo natural, existem eventos prováveis e eventos improváveis. E tenho certeza de que isso depende da natureza do meio ambiente dos outros planetas. Mas não há nenhum outro planeta que seja igualzinho à Terra, e, pelo que sabemos até agora, não existe nenhum outro planeta que tenha vida. Existem certamente premonições e caldos de vida, o tipo de química orgânica de Titã, a grande lua de Saturno à qual me referi anteriormente. Mas ainda não é o mesmo que vida. E assim, ao se realizar uma primeira inspeção superficial em nosso sistema solar, a gente se dá conta de uma coisa importante sobre de onde viemos.

Quando investigamos longos períodos de tempo, encontramos algo muito parecido. Porque nos registros fósseis fica claro que quase todas as espécies que já existiram estão extintas; a extinção é a regra, a sobrevivência é a exceção. E nenhuma espécie tem permanência garantida neste planeta. Gostaria de descrever para vocês um acontecimento que já chamei de essencial para a origem da espécie humana, porque está ligado ao principal tema desta fala. É a extinção global que ocorreu há 65 milhões de anos, no limite entre os períodos geológicos do Cretáceo e do Terciário, que também corresponde ao final da Era Mesozóica e ao início dos tempos mais recentes.

✳

Este é um close da base de um penhasco na beira de uma estrada perto de Gubbio, no norte da Itália. Dá para perceber a escala da imagem por um pedaço de uma moeda de quinhentas liras bem no alto da imagem. A crosta da superfície foi ligeiramente lixada, e o material branco é carbonato de cálcio, basicamente giz, semelhante à composição dos rochedos brancos de Dover. São os restos mortais de incontáveis microrganismos que viveram nos mares do Cretáceo, formando pequenas conchas de carbonato de cálcio que lentamente se acumularam no fundo das águas mornas daqueles mares, durante o Cretáceo, por muitos milhões de anos.

fig. 35

Esse depósito, como vocês podem ver, tem um fim abrupto. O tempo avança na direção da parte superior esquerda. Uma camada de rocha marrom-avermelhada está acima do carbonato branco, mais antigo, separada por um limite bem claro e definido. E é abaixo desse limite que estão os últimos dinossauros. Acima do limite há uma taxa impressionante de proliferação dos pequenos mamíferos, transformando-se em grandes mamíferos, acontecimentos que foram os pré-requisitos para nossas próprias origens. O fato de essa fronteira ser bem definida no mundo inteiro sugere um evento catastrófico bastante recente. A fronteira é aquela fina camada de argila cinza que cruza a imagem na diagonal. A argila — e isso também acontece no mundo inteiro — possui uma concentração bem alta, uma concentração anomalamente alta, de um elemento químico chamado irídio e de outros elementos como ele, do grupo de metais da platina. Sabe-se que os asteróides, e presumivelmente também os núcleos cometários, têm muito mais irídio do que as rochas comuns da Terra. E essa presença anômala de irídio, hoje sustentada por uma série de outros dados, costuma ser considerada evidência do que aconteceu para extinguir os dinossauros e a maioria das outras espécies vivas da Terra há 65 milhões de anos.

Esta é a concepção artística de um objeto, talvez um asteróide, talvez um núcleo cometário, chocando-se com os oceanos do Cretáceo. Tem cerca de dez quilômetros de extensão. É maior do que a profundidade do oceano, portanto é como se se chocasse com a terra. O resultado é o surgimento de uma cratera imensa no fundo do oceano

fig. 36

e o lançamento das partículas pequenas geradas pelo impacto para a alta órbita, criando uma nuvem formada pelo fundo do mar pulverizado e pelo objeto impactante pulverizado, que demora alguns anos para se depositar e deixar a atmosfera da Terra.

E o resultado é uma superfície escura e fria no mundo todo, que levou, por causa das diferenças na fisiologia dos mamíferos e dos répteis, à extinção dos dinossauros e de muitas outras formas de vida.

Isso foi o que aconteceu com os dinossauros. Eles não tinham como prever nem como evitar. Gostaria agora de descrever uma catástrofe que sob alguns aspectos é bastante semelhante, uma catástrofe que põe em risco o futuro da nossa espécie. É muito diferente em um aspecto: ao contrário dos dinossauros, nós mesmos, a custos enormes em termos de dinheiro, criamos esse perigo. Somos os únicos responsáveis por sua existência, e temos os meios de evitá-lo, se tivermos coragem e disposição suficientes para repensar o senso comum. Esse problema é a guerra nuclear.

As bombas que destruíram Hiroshima e Nagasaki — todo mundo já leu sobre elas, sabemos um pouco do que fizeram — mataram cerca de 250 mil pessoas, sem distinção de idade, sexo, classe social, ocupação ou qualquer outra coisa. O planeta Terra tem hoje 55 mil armas nucleares, quase todas mais potentes do que as bombas que destruíram Hiroshima e Nagasaki, e algumas que são, cada uma, mil vezes mais potentes*. Entre 20 mil e 22 mil dessas armas recebem o nome de armas estratégicas, tendo sido criadas para ser acionadas com a maior rapidez possível, atravessando basicamente meio mundo até a pátria de outro alguém. Os mísseis

---

* Em 2006 o arsenal nuclear mundial havia sido reduzido para cerca de 20 mil armas — ainda cerca de dez vezes o necessário para destruir nossa civilização global. As principais reduções, desde 1985, deveram-se ao tratado Start II assinado entre os Estados Unidos e a Rússia.

balísticos têm tamanho recurso que o tempo típico de trânsito é de menos de meia hora. Vinte mil armas estratégicas no mundo é um número bem grande. Perguntemos, por exemplo, quantas cidades existem na Terra. Se definirmos cidades como locais com mais de 100 mil habitantes, existem 2.300 cidades na Terra. Assim, os Estados Unidos e a União Soviética poderiam, se quisessem, destruir todas as cidades da Terra, que ainda sobrariam 18 mil armas estratégicas, com que poderiam fazer uma outra coisa qualquer.

Minha tese é que não é só imprudente, mas estúpida, de uma maneira sem precedentes na história da espécie humana, a mera disponibilidade de um arsenal de armas com tamanho poder de destruição. Os efeitos imediatos de uma guerra nuclear são razoavelmente conhecidos. Falarei um pouco sobre eles, mas quero me concentrar principalmente nos efeitos globais e de mais longo prazo recentemente descobertos, e mais desconhecidos.

Imaginem a destruição da cidade de Nova York por duas explosões nucleares de um megaton cada numa guerra global. Vocês podem escolher qualquer outra cidade do planeta, e numa guerra nuclear dá para ter uma boa certeza de que essa cidade teria um destino semelhante. Partindo do World Trade Center e avançando por cerca de dezesseis quilômetros em todas as direções, os efeitos seriam sentidos. Vocês já sabem da bola de fogo e das ondas de choque, dos neurônios e raio gama, dos incêndios, dos prédios desabando, o tipo de coisa que foi responsável pela maioria das mortes em Hiroshima e Nagasaki. Mas a luz da bomba também provoca incêndios, e alguns deles são extintos pela onda de choque conforme a nuvem em forma de cogumelo sobe. Outros não são.

E essas deflagrações podem crescer. Em muitos casos, embora certamente não em todos, as deflagrações fundem-se, formando uma tempestade de fogo. Trabalhos recentes sugerem que as tempestades de fogo seriam muito mais comuns e muito mais intensas do que se imaginava nas pesquisas anteriores, produzindo um tipo de fogo parecido com o de uma lareira bem-cuidada e otimamente projetada. O resultado é o prometido: nenhuma cidade fica de pé. Mas esse é o menor dos problemas.

Pior do que a aniquilação das cidades é a produção de um cobertor de fuligem, não apenas sobre a cidade, mas levado pelo fogo até grandes altitudes, onde essa fumaça negra é então aquecida pelo Sol, expandindo-se ainda mais. Isso acontece, é claro, não apenas sobre um alvo, mas sobre muitos ou a maioria dos alvos. Os alvos preferenciais seriam cidades e instalações petroquímicas. Os ventos espalhariam as finas partículas na mesma direção, do oeste para o leste. Numa troca de fogo generalizada, algo como 10 mil armas nucleares seriam detonadas.

Uns dez dias depois, ainda haveria algumas explosões nucleares vindas, sei lá, de comandantes de submarinos nucleares que não tivessem sido informados do fim da guerra. A fumaça e a poeira circulariam em torno do planeta todo na longitude e estariam espalhadas na direção do equador e dos pólos na latitude. O hemisfério Norte ficaria quase completamente paralisado pela fumaça e pela poeira. No hemisfério Sul poderiam ser vistos trechos de fumaça. A nuvem então cruzaria o equador e invadiria o hemisfério Sul. E, embora os efeitos fossem mais amenos no hemisfério Sul, a luz do sol diminuiria e as temperaturas também cairiam por lá.

O Centro Nacional para Pesquisa Atmosférica fez alguns cálculos sobre a realização de uma guerra de 5 mil megatons no mês de julho. A distribuição generalizada da fumaça vinte dias depois do fim da guerra produz quedas de temperatura que chegam a entre 15 e 25 °C abaixo do normal.

O resultado, como vocês podem imaginar, é ruim. Os efeitos são globais. Ao que parece duram meses, talvez anos. Imaginem que conseqüências desastrosas para o mundo todo só a destruição da agricultura já teria. A zona de alvos nas latitudes médias ao norte é exatamente a região que é a principal fonte de exportação de alimentos (e de especialistas) para o resto do mundo. Mesmo países que hoje estão bem longe da desnutrição — o Japão, por exemplo — poderiam entrar em total colapso numa guerra nuclear por causa das nuvens que viriam do oeste, da China, alvo quase obrigatório numa guerra nuclear. Mesmo sem levar isso em conta, se não houvesse efeitos climáticos no Japão, e nem uma única arma nuclear caísse no país, o problema é que mais da metade do alimento que as pessoas comem lá é importada. Só isso mataria um enorme número de pessoas no Japão, e os efeitos reais seriam muito piores.

Ao tentarem estimar as conseqüências de uma guerra nuclear, os cientistas têm que se preocupar não só com os efeitos imediatos. Eles já seriam bem ruins. A Organização Mundial da Saúde calcula que, numa guerra nuclear especialmente violenta, os efeitos imediatos poderiam matar quase metade da população do planeta. Também é preciso pensar no inverno nuclear, no frio e na escuridão que acabei de descrever; é necessário pensar que essas condições não só matam gente, plantações e animais domesticados, matam também o ecossistema natural. E, bem quando os sobreviventes podem querer apelar para o ecossistema natural para sua sobrevivência, ele estará gravemente abalado.

Há um conjunto de efeitos, uma espécie de poção maligna, muito pouco estudados pelos vários establishments de defesa, alguns mais do que outros. Entre eles estão, por exemplo, as pirotoxinas, a poluição de gás venenoso produzido pela queima de materiais sintéticos modernos nas cidades, o aumento da luz ultravioleta devido à destruição parcial da camada de ozônio e a chuva radioativa num período intermediário, que se revelou dez vezes maior do que as garantias otimistas feitas por vários governos. E assim por diante. O resultado da imposição simultânea desses fatores de estresse severo ao meio ambiente será certamente a destruição da nossa civilização global, incluindo os países do hemisfério Sul, países bem distantes do conflito — países, se é que existe algum, que não tiveram nada a ver com a briga entre Estados Unidos e União Soviética —, e naturalmente os países de latitude média do Norte, não é preciso nem dizer.

Além disso, muitos biólogos acreditam que é provável que haja extinção em massa de plantas, animais e microrganismos, a possibilidade de uma reestruturação por atacado do tipo de vida que temos na Terra.

Provavelmente não seria tão grave quanto a catástrofe do Cretáceo-Terciário, mas talvez chegasse bem perto. Vários cientistas já disseram que, sob essas circunstâncias, não há como descartar a extinção da espécie humana.

Extinção me parece coisa séria. Difícil pensar em alguma coisa mais séria, mais merecedora da nossa atenção, que esteja implorando mais para ser evitada. Extinção é para sempre. A extinção anula as realizações humanas. A extinção torna sem sentido as atividades de todos os nossos ancestrais por centenas de milhares ou milhões de anos. Porque, se lutaram por alguma coisa, com certeza foi pela continuidade da nossa espécie. Mas os registros paleontológicos são absolutamente claros. A maioria das espécies se extingue. Não há nada que garanta que não vá acontecer conosco. No curso normal dos acontecimentos, pode acontecer. Basta esperar. Um milhão de anos é bem pouco tempo para uma espécie. Só que somos uma espécie peculiar. Inventamos métodos para nos autodestruir. E demonstramos uma relutância apenas modesta em usá-los.

Isso é o que, em várias teologias cristãs, é chamado de crimes contra a Criação: a destruição maciça dos seres do planeta, o fim do belo equilíbrio ecológico que tortuosamente se desenvolveu durante o processo evolutivo deste planeta. Assim, como se trata de um crime teológico tão reconhecido como todos os outros tipos de crime, faz sentido perguntar qual é a posição das religiões — das religiões estabelecidas, dos religionistas independentes ocasionais — sobre a guerra nuclear.

Creio que é nesse assunto, mais do que em todos os outros, que as religiões podem ser calibradas, julgadas. Porque certamente a preservação da vida é essencial se a religião pretende continuar existindo. Ou para qualquer outra coisa. E pessoalmente acho que simplesmente não existe questão mais premente. Sejam quais forem nossos interesses, eles ficarão fundamentalmente comprometidos pela guerra nuclear. Sejam quais forem nossas esperanças pessoais para o futuro, nossas ambições para filhos e netos, nossas expectativas gerais para as gerações futuras — tudo isso está fundamentalmente ameaçado pelo perigo da guerra nuclear.

Acredito que há muitos aspectos em que a religião pode ter um papel positivo, útil, salutar, prático e funcional na prevenção da guerra nuclear. E existem ainda outras maneiras que podem ser uma extrapolação, mas, levando em conta o que está em jogo, vale a pena analisá-las. Uma delas tem a ver com a perspectiva.

Nem todas as religiões adotam a perspectiva de que homens e mulheres têm responsabilidade sobre os recursos da Terra, mas poderiam adotar. A idéia é que este mundo não existe só para nós. Existe para todas as gerações humanas que ainda virão. E não apenas para os seres humanos. Mesmo que se tenha uma visão estreitíssima de mundo, que se seja um especiesista, no mesmo sentido de ser racista ou sexista, ainda assim é preciso tomar muito cuidado com todas as espécies não humanas, porque de muitas e intricadas maneiras nossa vida depende delas. Lembro a vocês o fato elementar de que respiramos os resíduos desprezados pelas plantas e que as plantas respiram os resíduos desprezados pelos seres humanos. Um relacionamento bastante íntimo, pensando bem. E cada respiração nossa é da responsabilidade desse relacionamento. Na verdade, dependemos das plantas muito mais do que as plantas dependem de nós. Portanto me parece que essa idéia de que vale a pena cuidar deste mundo deveria estar no cerne de religiões que quisessem dar uma contribuição significativa para o futuro da humanidade.

E há formas mais diretas de ação política. Pessoas religiosas, por exemplo, influenciaram na abolição da escravatura nos Estados Unidos e em outros lugares. As religiões tiveram um papel fundamental no movimento pela independência da Índia e de outros países, e no movimento pelas liberdades civis nos Estados Unidos. As religiões e os líderes religiosos têm atuação muito importante quando se trata de tirar a espécie humana de situações em que ela nunca deveria ter se metido, que comprometeram profundamente nossa capacidade de sobreviver, e não há nenhum motivo para as religiões não assumirem papéis semelhantes no futuro. Existem, é claro, circunstâncias ocasionais em que religiosos específicos assumiram esse papel em determinada crise, mas é difícil ver uma religião importante que tenha feito desse tipo de ação política o seu objetivo principal.

Há também a questão da coragem moral. As religiões, por serem institucionalizadas e terem muitos seguidores, são capazes de fornecer exemplos, de mostrar que atos conscienciosos merecem crédito e respeito. Elas podem suscitar possibilidades incomuns. O papa, por exemplo, levantou (embora não tenha respondido) a questão da responsabilidade moral dos trabalhadores que desenvolvem e produzem armas de destruição em massa.

Ou será que tudo bem, desde que haja uma justificativa local? Há justificativas melhores do que outras? Quais são as implicações para os cientistas? Para os executivos de grandes corporações? Para aqueles que investem nesse tipo de empresa? Para os militares? O arcebispo de Amarillo sugeriu aos trabalhadores de uma fábrica de armas nucleares da sua diocese que pedissem demissão. Que eu saiba, ninguém pediu. As religiões podem nos lembrar de verdades desagradáveis. As religiões podem dizer a verdade ao poder. É uma função muito importante que muitas vezes outros setores da sociedade não têm.

As religiões também podem falar a suas próprias escatologias sectárias, especialmente quando elas vão contra a sobrevivência humana. Penso, por exemplo, na idéia dos fundamentalistas cristãos dos Estados Unidos, de que o fim do mundo está previsto com precisão no livro do Apocalipse, que os detalhes do livro do Apocalipse são parecidos o bastante com os de uma guerra nuclear a ponto de justificar que seja tarefa de um cristão não evitar a guerra nuclear. O cristão que fizer isso estará interferindo nos planos de Deus. Sei que descrevi a coisa de modo mais cru do que os defensores dessas idéias, mas acredito que no fundo é isso mesmo. Os cristãos podem ter um papel útil ao fornecer certa estabilidade para pessoas com tais escatologias, porque elas são perigosíssimas.

Imaginem que alguém com uma opinião dessas estivesse num cargo de poder, e uma decisão importante tivesse de ser tomada rapidamente, e a pessoa tivesse certa impressão de que aquilo talvez fosse o cumprimento de uma profecia bíblica. Talvez ela não devesse tomar medidas para evitar que aquilo acontecesse, especialmente se acreditasse que ela própria seria uma das primeiras pessoas a deixar a Terra e surgir ao lado direito de Deus. Ela não poderia ficar interessada em ver como seria? Por que atrasar as coisas?

A religião tem um longo histórico de brilhante criatividade para mitos e metáforas. Essa é uma área que clama por mitos e metáforas adequadas. As religiões podem combater o fatalismo. Podem engendrar esperança. Podem iluminar nossas ligações com outros seres humanos em todo planeta. Podem nos lembrar de que estamos todos juntos nisso. A religião pode cumprir muitas funções na tentativa de evitar essa catástrofe final. Final para nós — quero ressaltar que não estamos falando da eliminação de toda vida na Terra. Sem dúvida as baratas, a grama e os vermes que metabolizam o enxofre e vivem em chaminés hidrotermais do fundo do mar sobreviveriam à guerra nuclear. Não é a Terra que está em jogo, não é a vida na Terra que está em jogo; o que está em jogo somos apenas nós e tudo que representamos. Nessa linha, devo dizer também que algumas religiões, pelo menos, possuem sugestões específicas sobre padrões do comportamento humano que em princípio poderiam ser relevantes a esse problema. (Não garanto; não sei. O experimento ainda não foi realizado.) E há, em particular, a questão da Regra de Ouro. O cristianismo diz que se deve amar o inimigo. Certamente não diz que se deve transformar os filhos dele em pó. Mas é muito mais do que isso. Não diz só conviva com seu inimigo, tolere-o; diz ame-o.

É importante perguntar então: o que isso significa? É só fachada ou os cristãos realmente estão falando sério?

O cristianismo também diz que a redenção é possível. Portanto, um anticristão será alguém que alegue odiar seu inimigo e que a redenção é impossível, que gente ruim será ruim para sempre. Pergunto a vocês: que posição é mais adequada a uma era de armas apocalípticas? O que deve fazer aquele que se diz cristão quando um lado não professa essas opiniões? Deve ele adotar a visão do seu adversário ou a visão defendida pelo fundador da sua religião? Também podemos perguntar: que posição é adotada uniformemente pelos Estados? As respostas a essas perguntas estão muito claras. Não há nenhuma nação que adote a posição cristã nessa questão. Nenhuminha. Existem 140 e poucas nações na Terra. Que eu saiba, nenhuma delas adota o ponto de vista cristão. Pode haver motivos perfeitamente justos para isso, mas é notável que existam países que se orgulhem tanto de sua tradição cristã e mesmo assim não vejam nenhuma contradição entre isso e suas atitudes em relação à guerra nuclear.

Aliás, não é só o cristianismo. A Regra de Ouro foi articulada pelo rabino Hillel antes de Jesus, e por Buda séculos antes do rabino Hillel. Faz parte de muitas religiões diferentes. Mas, por enquanto, vamos falar do cristianismo. Parece-me que a admoestação para que amemos nosso inimigo é central ao cristianismo; é a veemência na declaração da Regra de Ouro que distingue o cristianismo. Não houve frases limitadoras dizendo: "Ame seu inimigo, a menos que não goste mesmo dele". Diz ame seu inimigo. Sem mas, porém, nem, todavia. Agora, a não-violência política já fez maravilhas no nosso tempo. Mahatma Gandhi e Martin Luther King Jr. conquistaram vitórias extraordinárias e, para muita gente, inesperadas. Pode até ser que seja uma abordagem prática, inovadora e incrivelmente diferente à corrida armamentista nuclear. Ou talvez não. Talvez seja inútil e vazia. Talvez o ponto de vista cristão sobre essa questão seja inadequado à era nuclear. Mas não é interessante que nenhuma nação de cristãos o tenha adotado? Os líderes soviéticos não professam ser cristãos, de forma que, se não buscarem o caminho do amor, não estarão sendo incoerentes com suas crenças. Mas, se os líderes de outros países ocidentais professam ser cristãos, que curso de ação deveriam adotar? Quero ressaltar que não prego necessariamente esse tipo de política. Não sei se ela funcionaria. Pode ser que seja, como disse, terrivelmente ingênua. Mas não deveriam aqueles que fazem demonstrações tão chamativas de sua devoção ao cristianismo seguir aquele que certamente está entre os preceitos centrais da sua fé?

O "não faça aos outros o que não gostaria que fizessem com você" tem um corolário. Os outros não vão fazer com você o que não gostariam que fizesse com eles. E isso compreende, entre outras coisas, a história da corrida armamentista nuclear. Se isso não puder ser feito, acho que os políticos que são praticantes dessas religiões deveriam confessar e admitir que são cristãos fracassados ou só aspirantes a cristãos, mas não cristãos completos, incondicionais.

Acho, portanto, que a perspectiva da Terra no espaço e no tempo tem uma força enorme, não só educacional, mas moral e ética. Acredito que temos sorte de este ser um tempo em que há fotos da Terra tiradas do espaço disponíveis por aí. Olhamos para elas nas previsões do tempo do telejornal e nem paramos para pensar que coisa extraordinária elas são. Nosso planeta, a Terra, nossa casa, o lugar de onde viemos, visto do espaço. E, quando olhamos para ela do espaço, acho que fica imediatamente claro que é um mundinho frágil, minúsculo, extremamente sensível às depredações por seus habitantes. É impossível, creio, não olhar para esse planeta e pensar que o que estamos fazendo é uma grande besteira. Estamos gastando 1 trilhão de dólares todo ano, no mundo todo, em armamentos. Um trilhão de dólares. Pensem no que dá para fazer com 1 trilhão de dólares. Um visitante de outro lugar qualquer — o lendário extraterrestre inteligente — que chegasse à Terra e perguntasse o que temos feito, e encontrasse tamanhos prodígios da inventividade humana e proporções tão enormes da nossa riqueza dedicados não apenas a um método de guerra, mas a um método de destruição global em massa, um ser assim com certeza deduziria que nossas perspectivas não são lá muito boas e talvez seguisse para algum outro mundo mais promissor.

Quando olhamos para a Terra do espaço, uma coisa chama a atenção. Não há fronteiras nacionais visíveis. Elas foram postas ali, assim como o equador, o trópico de Câncer e o trópico de Capricórnio, por seres humanos. O planeta é real. A vida que está nele é real, e as separações políticas que expuseram o planeta ao perigo são de fabricação humana. Não foram entregues no alto do monte Sinai. Todos os seres deste mundinho são mutuamente dependentes. É como viver num bote salva-vidas. Respiramos o ar que os russos já respiraram, e zâmbios e tasmanianos e gente de todo planeta. Sejam quais forem as causas que nos dividem, como já disse, fica claro que a Terra estará aqui daqui a milhares ou milhões de anos. A pergunta, a pergunta-chave, a pergunta fundamental — e de certa forma a única pergunta — é: E nós, estaremos?

9. A busca

Sem saber o que sou e por que estou aqui, a vida é impossível.

Liév Tolstói, *Anna Kariênina*

Se é que não achamos literalmente impossível viver sem responder a essa pergunta, no mínimo ela torna isso mais difícil. É bastante razoável que os seres humanos queiram entender um pouco do nosso contexto num universo mais amplo, um universo vasto e incrível. Também é razoável que queiramos entender um pouco sobre nós mesmos. Possuímos processos inconscientes poderosos, e isso significa que existem partes de nós mesmos que ficam escondidas. E é nessa dupla investigação, sobre a natureza do mundo e sobre nossa própria natureza, que reside em grande proporção, creio eu, a essência da empreitada humana.

Nosso sucesso como espécie certamente se deve a nossa inteligência, e não primordialmente a nossas emoções, porque muitas e muitas espécies de animais certamente têm emoções. Muitas e muitas espécies de animais também têm vários graus de inteligência. Mas é a nossa inteligência — nosso interesse em descobrir as coisas, nossa capacidade de fazê-lo, associada à nossa capacidade de manipulação, nosso talento de engenhosidade — a responsável pelo nosso sucesso. Porque com certeza não somos mais velozes do que todas as outras espécies, nem nos camuflamos melhor, nem somos melhores escavadores, nadadores ou voadores. Só somos mais espertos. E, pelo menos até a invenção das armas de destruição em massa, essa inteligência levou a um aumento constante — exponencial, na realidade — do nosso número. E, nos últimos milhares de anos, nosso número neste planeta vem crescendo a um fator bem maior do que cem. Existem postos avançados humanos não apenas em todos os pontos do planeta, incluindo a Antártida, mas também nas profundezas do oceano e na órbita terrestre. E está claro que, se não nos autodestruirmos, vamos prosseguir com esse movimento para o exterior até que haja assentamentos humanos nos mundos vizinhos.

Acho que também está claro que os historiadores, daqui a mil anos, se é que vai haver algum, vão encarar nosso tempo como um ponto absolutamente crítico, um momento decisivo, uma encruzilhada na história da humanidade. Porque, se sobrevivermos, nosso tempo será lembrado como o tempo em que poderíamos ter nos autodestruído, mas recobramos a razão e não o fizemos. Também será o tempo em que o planeta estava unificado. E também será lembrado como tempo em que aos poucos, depois de várias tentativas e hesitações, enviamos primeiro nossos emissários robôs e depois a nós mesmos para os mundos vizinhos.

Todas essas são atividades extraordinárias e inéditas. Nunca antes tivemos a capacidade de nos autodestruir, portanto nunca antes tivemos a responsabilidade ética e moral de não fazer isso. Uma maneira de encarar o tempo em que calhamos viver é a seguinte: principiamos há centenas de milhares ou milhões de anos, como tribos itinerantes, em que a lealdade mais fundamental era em relação a um grupo bem pequeno, pelos padrões contemporâneos. Os grupos típicos de caçadores-coletores têm no máximo umas cem pessoas, portanto a pessoa típica do planeta estava aliada a um grupo de não mais que cem ou algumas centenas de pessoas.

Os nomes que muitas dessas tribos dão a si próprias são tocantes na sua estreiteza. No mundo inteiro, as pessoas se denominam "o povo", "os homens", "os seres humanos". E todas aquelas outras tribos, elas não são povo, não são homens, não são seres humanos. São alguma outra coisa. Isso não significa que essas tribos estivessem em constante guerra, como Thomas Hobbes, por exemplo, imaginou. Uma parte significativa desses grupos iniciais, há bons motivos para crer, era benigna, calma, pacífica, nada interessada na agressão sistemática e burocratizada, a função dos Estados nos tempos posteriores.

Conforme o tempo passou, grupos fundiram-se, às vezes voluntariamente, às vezes involuntariamente, e cresceu a grandeza das lealdades devidas e da identificação pessoal. A seqüência é bem conhecida por todos aqueles que freqüentam cursos universitários sobre a história da civilização, e nela passamos das alianças para grupos maiores, para cidades-Estado, para nações estabelecidas, para impérios. Hoje a pessoa típica que vive na Terra é uma colcha de retalhos de identificações políticas, econômicas, étnicas e religiosas, e deve aliança a um grupo ou a grupos que consistem de 100 milhões de pessoas ou mais. Fica claro que há uma tendência constante e que, se a tendência permanecer, haverá um tempo, provavelmente não num futuro muito distante, em que a identificação típica da pessoa comum será com a espécie humana, com todo mundo que vive na Terra.

Quanto mais enxergarmos a Terra de fora, quanto mais a enxergamos como um mundinho singular, minúsculo, em que todos dependem de todos, mais rápido surgirá essa percepção. Apesar de todos os defeitos das organizações internacionais, ainda assim é notável que, em nossa época, neste século e nos últimos séculos — mas especialmente neste —, organizações de alcance global, que envolvem praticamente todas as nações da Terra, tenham crescido, tenham persistido, e é claro que não esperamos que sejam perfeitas. Suas imperfeições são conseqüência da incipiência da organização e do fato de os seres humanos serem imperfeitos. Mas isso é uma tendência, um símbolo da direção para onde estamos indo, desde que não nos destruamos.

Podemos pensar no nosso tempo como uma corrida entre duas tendências conflitantes: uma que tenta unificar o planeta, preservando, talvez, parte da sua diversidade étnica e cultural, e a tendência contrária, de destruir o planeta, não no sentido geofísico, mas o planeta no sentido do mundo que conhecemos. Não se sabe qual dessas duas tendências conflitantes vencerá, enquanto vocês, que estão entre os primeiros a ouvir estas palavras, estiverem vivos.

Outra forma de encarar isso é como um conflito dentro do coração humano, um conflito entre o lado burocrático, hierárquico e agressivo de nossa natureza, que de certa forma temos em comum com nossos ancestrais reptilianos, e o outro lado de nossa natureza, a capacidade generalizada para o amor, para a compaixão, para a identificação com outras pessoas — que à primeira vista podem não falar, agir ou se vestir exatamente como nós nem se parecer conosco —, a capacidade de entender o mundo que está concentrada em nosso córtex cerebral. Nossa sobrevivência é (como pudemos imaginar diferente?) um reflexo da nossa própria natureza e da forma como administramos essas tendências concorrentes dentro do coração e da mente humanos.

Como são tempos tão extraordinários, como são inéditos, não se sabe se as prescrições do passado ainda mantêm sua validade. Isso significa que precisamos estar dispostos a levar em conta uma ampla variedade de novas alternativas, algumas jamais imaginadas, outras já, mas que foram sumariamente rejeitadas por uma ou outra cultura. Corremos o risco de lutar até a morte por pretextos ideológicos.

Nós nos matamos — ou ameaçamos matar — uns aos outros, um pouco porque, acho, temos medo de não saber a verdade, de que alguém com uma doutrina diferente possa estar mais perto dela. Nossa história é um pouco uma luta pela morte dos mitos inadequados. Se não posso convencê-lo, tenho que matá-lo. Isso vai fazê-lo mudar de idéia. Você é uma ameaça para a minha versão da verdade, especialmente a verdade sobre quem sou e qual é a minha natureza. A idéia de que talvez eu tenha dedicado minha vida a uma mentira, de que eu possa ter aceitado um senso comum que já não corresponde à realidade exterior, se é que um dia correspondeu, é uma constatação muito dolorosa. Minha tendência será resistir até o fim. Farei todo possível para impedir a mim mesmo de enxergar que a idéia de vida a que dediquei minha vida inteira é inadequada. Estou formulando isso em termos pessoais para não dizer "você", para não acusar ninguém de determinada atitude, mas vocês entendem que não se trata de um mea-culpa; estou tentando descrever a dinâmica psicológica que creio existir, e que acho importante e preocupante.

Em vez disso, precisamos mesmo é afiar nossa capacidade de explicação, de diálogo, do que costumava ser chamado de lógica e retórica, e que antigamente era essencial a toda educação universitária; afiar nosso potencial para a compaixão, que, assim como as capacidades intelectuais, precisa de prática para ser aperfeiçoado. Se queremos entender a crença do outro, temos também que entender as deficiências e inadequações da nossa própria crença. E essas deficiências e inadequações são enormes. Isso vale para qualquer tradição política, ideológica ou étnica de que venhamos. Num universo complexo, numa sociedade que passa por mudanças inéditas, como poderemos encontrar a verdade se não estivermos dispostos a questionar tudo e a dar uma oportunidade justa para ouvir de tudo? Há uma estreiteza de pensamento global que está pondo a espécie em risco. Ela sempre existiu, mas os riscos não eram tão graves, porque naquela época as armas de destruição em massa não estavam disponíveis.

Temos os Dez Mandamentos no Ocidente. Por que não há nenhum mandamento nos incitando a aprender? "Compreendereis o mundo. Desvendai as coisas." Não há nada parecido com isso. E são muito poucas as religiões que nos incentivam a ampliar nossa compreensão do mundo natural. Acho incrível como as religiões, a grande maioria, adaptaram-se mal às verdades impressionantes que se revelaram nos últimos séculos.

Pensemos juntos, por um instante, no conhecimento científico predominante sobre nossas origens: a idéia de que quase 15 bilhões de anos atrás o universo, ou pelo menos sua encarnação atual, se formou no Big Bang; de que uns 5 bilhões de anos depois disso nem mesmo a galáxia da Via Láctea havia se formado; de que uns 5 bilhões de anos depois, nem o Sol, nem os planetas nem a Terra haviam se formado; que há 5 bilhões de anos, numa Terra nada parecida com a que conhecemos hoje, ocorreu uma produção em grande escala de moléculas orgânicas complexas, que levou a um sistema molecular capaz de se auto-replicar, e que portanto teve início a longa, tortuosa e extraordinariamente bela seqüência evolutiva que levou desses primeiros organismos, pouco capazes de fazer vagas cópias de si mesmos, à magnífica diversidade e sutileza da vida que adorna hoje nosso planeta.

E crescemos neste planeta, aprisionados nele, em certo sentido, sem saber da existência de nada que não seja de nosso ambiente imediato, tendo que entender o mundo sozinhos. Que corajosa e difícil empreitada, construir, geração após geração, em cima do que havia sido descoberto no passado; questionar o senso comum; dispor-se, às vezes à custa de grande risco pessoal, a desafiar o conhecimento predominante e fazer emergir dessa tormenta, gradativamente, lentamente, uma compreensão quantitativa, fundamentada, muitas vezes preditiva sobre a natureza do mundo que nos cerca. Não, longe disso, não entender todos os aspectos desse mundo, mas entender mais e mais, gradativamente, através de aproximações sucessivas. Estamos diante de um futuro difícil e incerto, e parece-me que ele vai requerer todos os talentos que foram sendo afiados por nossa evolução e nossa história, se quisermos sobreviver.

Algo que chama especialmente a atenção na cultura contemporânea é como são escassas as visões positivas sobre o futuro imediato. A mídia mostra todo tipo de cenário apocalíptico, futuros medonhos. E há uma tendência nesses prognósticos de ser uma espécie de profecia que sempre se concretiza. Não é raro vermos uma projeção de vinte, cinqüenta ou cem anos no futuro, de um mundo em que tenhamos recobrado a razão, em que tenhamos entendido as coisas? Podemos fazer isso. Não há nada que indique que nosso fracasso seja inevitável nesses desafios. Já solucionamos problemas mais difíceis, e muitas vezes. Já existiu, por exemplo, uma doutrina sobre o direito divino dos reis. Segundo ela, Deus dava aos reis e rainhas o direito de mandar em seu povo. E naquela época *mandar* queria mesmo dizer mandar. *Mandar* neles não era muito diferente de *ser dono* deles. E religiosos eminentes alegavam que aquilo estava claramente escrito na Bíblia. Era a vontade de Deus. Teólogos laicos eminentes, Thomas Hobbes, por exemplo, defenderam a mesmíssima coisa. Mas mesmo assim aconteceu uma série de revoluções no mundo inteiro — a americana, a francesa, a russa, e várias outras —, que deram origem a um planeta em que ninguém, excetuando um ou outro imperador atavista ocasional de algum paisinho incipiente, ninguém acredita no direito divino dos reis. Hoje é meio que uma vergonha. É uma coisa em que nossos ancestrais acreditaram, mas que nós, nestes tempos mais esclarecidos, não acreditamos.

Ou pensem na escravidão, que Aristóteles defendeu como a ordem natural das coisas, que os deuses a exigiam, que qualquer movimento para libertar os escravos ia contra o desígnio divino. E os proprietários de escravos ao longo da história usaram trechos da Bíblia para justificar essa propriedade. E hoje, em mais uma seqüência de acontecimentos no mundo inteiro, a escravidão legal foi praticamente eliminada. E outra vez é uma coisa do nosso passado da qual nos envergonhamos, que ainda vemos como uma indicação importante do lado negro da natureza humana, que deve ser contido. É claro que o prejuízo aos povos que foram escravizados não foi compensado, mas fizemos progressos notáveis.

Ou pensem na situação das mulheres, caso em que finalmente nosso planeta está tomando consciência das coisas, bem no nosso tempo. Ou mesmo coisas como a varíola e outras doenças desfigurantes e fatais, doenças infantis, que um dia foram vistas como uma parte inevitável da vida, determinadas por Deus. O clero alegava, e parte dele ainda alega, que essas doenças foram enviadas por Deus como uma punição para a humanidade. Hoje não há mais casos de varíola no planeta. Com algumas dezenas de milhões de dólares e os esforços de médicos de cem países, coordenados pela Organização Mundial da Saúde, a varíola foi eliminada da face do planeta Terra.

Os interesses envolvidos no direito divino dos reis, ou na escravidão, eram enormes. Os reis tinham interesse no direito divino. Os escravocratas tinham interesse na continuidade da instituição da escravidão. Quem é que tem interesse na perspectiva da guerra nuclear? É uma situação bem diferente. Todo mundo está vulnerável hoje em dia. E por isso acho importante lembrar que já lidamos com problemas bem mais difíceis do que esse e os solucionamos.

O único problema é que a ameaça da guerra nuclear tem que ser discutida logo, porque há coisa demais em jogo. O relógio está avançando. Não dá para nos permitirmos um passo calmo.

Imaginem um lingüista. Ele está interessado na natureza e na evolução da linguagem. Mas infelizmente só conhece uma língua. Por mais inteligente que seja, por mais completo que seja o seu vocabulário naquela língua — o náuatl, por exemplo —, ele estará profundamente limitado em sua capacidade de criar uma teoria da linguagem ampla, interdisciplinar e preditiva. Como ele pode se sair bem se só conhece uma língua? Se, ao pensar a teoria da gravidade, Newton tivesse ficado restrito às maçãs, impedido de analisar o movimento da Lua ou da Terra, não teria feito grandes progressos. É exatamente a capacidade de observar os efeitos aqui, de observar os efeitos acolá e comparar os dois que permite e incentiva o desenvolvimento de uma teoria ampla e geral. Se estamos confinados a um planeta, se só conhecemos este planeta, ficamos extremamente limitados até mesmo na nossa compreensão deste planeta. Se só conhecemos um tipo de vida, somos extremamente limitados até mesmo na compreensão daquele tipo de vida. Se só conhecemos um tipo de inteligência, somos extremamente limitados até mesmo em entender aquele único tipo de inteligência. Mas buscar equivalentes a nós em outros lugares, ampliar nossas perspectivas, mesmo que não encontremos o que estamos procurando, é algo que nos fornece parâmetros dentro dos quais conseguimos nos compreender muito melhor.

Acho que, se algum dia chegarmos ao ponto de imaginar que compreendemos a fundo quem somos e de onde viemos, teremos fracassado. Acho que essa busca não leva à satisfação autocomplacente de que sabemos a resposta, à sensação arrogante de que a resposta está diante de nós e só precisamos de mais um experimento para alcançá-la. Combina mais com a determinação corajosa de encarar o universo como ele é de verdade, não impondo a ele nossas predisposições emocionais, mas aceitando com coragem o que nossa exploração revelar.

Perguntas e respostas escolhidas

Depois de cada palestra, havia uma animada sessão de perguntas e respostas. Infelizmente, as transcrições relatam que em alguns casos o público não dispôs de microfones que funcionassem. Estes são os fragmentos que ficaram registrados.

CAPÍTULO 1

Pergunta: Quando faremos contato com outra inteligência?

CS: Profecia é coisa que não existe mais. Mas eu diria que está claro que, se não tentarmos procurar esse tipo de inteligência, vai ser mais difícil encontrá-la. E é extraordinário o fato de vivermos numa época em que a tecnologia nos permite, mesmo que com dificuldades, procurar essas inteligências, principalmente com a construção de grandes radiotelescópios para ouvir sinais que nos estejam sendo enviados — sinais de rádio — por civilizações de planetas de outras estrelas.

Pergunta: Levando em conta as realizações de cientistas como Newton e Kepler, existe a probabilidade de um dia a ciência demonstrar a existência de Deus?

CS: A resposta depende muito do que queremos dizer com Deus. A palavra *deus* é usada para abranger uma ampla variedade de idéias que são excludentes entre si. E em alguns casos as distinções são, creio, intencionalmente nebulosas para que ninguém fique ofendido com o fato de a pessoa não estar falando do *seu* deus.

Deixe-me dar uma idéia de dois opostos da definição de Deus. Um é a visão de Spinoza e Einstein, por exemplo, que é mais ou menos a de que Deus é a soma das leis da física. Seria burrice negar que existem leis da física. Se é isso o que queremos dizer com Deus, certamente Deus existe. Tudo que temos de fazer é observar maçãs caindo.

A gravitação newtoniana funciona no universo inteiro. Podíamos ter imaginado um universo em que as leis da natureza estivessem restritas apenas a uma pequena porção do espaço ou do tempo. Mas não parece ser esse o caso. E a gravitação newtoniana é um exemplo, mas a mecânica quântica é outro. Se observarmos os espectros de galáxias distantes, veremos que as mesmas leis da mecânica quântica se aplicam a elas também. Isso, por si só, é um fato profundo e extraordinário: que as leis da natureza existem e são as mesmas em todo lugar. Portanto, se é isso que você quer dizer com Deus, eu diria que já temos excelentes provas de que Deus existe.

Mas analise o extremo oposto: o conceito de Deus como um grande homem de longas barbas brancas, sentado num trono no céu e controlando cada andorinha. Para *esse* tipo de deus, sustento que não há provas. E, embora eu esteja aberto a sugestões de provas para esse tipo de deus, pessoalmente duvido que haja provas contundentes, não só no futuro próximo, mas até no futuro distante. E os dois exemplos que dei não compreendem nem de longe a variedade de idéias que as pessoas têm em mente quando usam a palavra *deus*.

CS: O autor da pergunta questionou se conheço Demócrito, pensando na minha sugestão de que hoje sabemos coisas que não eram conhecidas no passado. Demócrito é um dos meus heróis. Acho que sei mais do que Demócrito. Não digo que eu seja mais inteligente do que Demócrito, mas tenho a vantagem, que ele não tinha, de haver entre mim e ele 2.500 anos de cientistas. Vou dizer, por exemplo, algumas coisas que sei e que Demócrito não sabia. Demócrito sugeriu que a galáxia da Via Láctea era composta por estrelas. Adiantadíssimo para aquele tempo. Ele não sabia que existiam outras galáxias. Nós sabemos.

Sabemos da existência de muitos planetas a mais do que ele. Já os analisamos de perto. Sabemos quais são suas naturezas físicas. Ele não sabia, apesar de ter especulado que eles fossem pelo menos feitos de matéria. Temos uma idéia do número de estrelas da Via Láctea.

Demócrito era atomista. Ninguém nunca vai admirar Demócrito mais do que eu. E, se a visão de Demócrito tivesse sido adotada pela civilização ocidental, em vez de ser deixada de lado em favor das pálidas visões de Platão e Aristóteles, estaríamos muito mais avançados hoje, na minha opinião.

CS: O autor da pergunta questiona se por acaso não estou olhando pelo telescópio do lado contrário; isto é, o terreno adequado da religião não é o coração, a mente, as questões éticas humanas, e assim por diante, em vez de o universo?

Eu não poderia concordar mais com você, tirando o fato de que é surpreendente o número de religiões que acharam que a astronomia era coisa da sua alçada, e que fizeram declarações convictas sobre questões astronômicas. Dá para criar religiões que sejam impossíveis de desmentir. Elas só têm que fazer afirmações que não possam ser validadas nem descartadas. E algumas religiões posicionaram-se direitinho nesse aspecto. Isso então significa que não se pode fazer afirmações sobre a idade do mundo; não se pode fazer afirmações sobre a evolução; não se pode fazer afirmações sobre o formato da Terra (a Bíblia é bem clara sobre a Terra ser plana, por exemplo), e por aí vai. E há religiões que fazem afirmações sobre o comportamento humano, âmbito em que as religiões têm, na minha opinião, feito contribuições significativas. Mas é muito raro ver uma religião que escape da tentação de fazer pronunciamentos sobre questões astronômicas, físicas e biológicas.

Pergunta: Você acha que os seres humanos atuais conseguiriam lidar com a descoberta da inteligência extraterrestre?

CS: Claro. Por que não? Bem, não há dúvida de que a descoberta de uma coisa muito diferente vai preocupar as pessoas, precisamente por ser diferente. Olhe para o nível de xenofobia em culturas humanas em que o alvo de grande temor, preocupação, violência, agressão, assassinatos e crimes terríveis são outros seres humanos, com diferenças triviais. Não há dúvida de que, se recebermos um sinal, pior ainda, se ficarmos cara a cara, ou seja lá qual for a parte do corpo adequada, com outro ser inteligente, vai haver a sensação de medo, horror, asco, retraimento etc.

Mas receber uma mensagem é uma história bem diferente. Não somos nem mesmo obrigados a decodificá-la. Se a acharmos ofensiva, podemos ignorá-la. E existe uma espécie de quarentena providencial entre as estrelas, com períodos de viagem muito longos, mesmo à velocidade da luz, que para mim atenua essa dificuldade, se é que não a elimina de vez.

. . .

CS: O autor da pergunta questiona se a idéia de um deus pessoal não é um objetivo central das religiões, de um sentido para as pessoas e para as espécies como um todo, e se isso não é um dos motivos para o sucesso no nível emocional (estou parafraseando) de muitas religiões. E prossegue dizendo que ele mesmo não vê muitas evidências de um sentido para a vida no universo astronômico. Tendo a concordar com você, mas diria que o sentido não é uma imposição externa; ele vem de dentro. *Fazemos* o nosso sentido para a vida. E é uma espécie de negligência no cumprimento do dever de nossa parte, os seres humanos, quando dizemos que esse sentido tem que ser imposto de fora ou ser encontrado em algum livro escrito há milhares de anos. Vivemos num mundo muito diferente daquele em que vivíamos há milhares de anos. Não há dúvida de que temos muitas obrigações para garantir nossos propósitos, um dos quais é sobreviver. E com *esse* temos que nos virar sozinhos.

CAPÍTULO 2

Pergunta: Qual é sua opinião sobre a origem da vida inteligente no universo?
CS: Sou a favor!

CAPÍTULO 4

Pergunta: Sou um tanto cético em relação à equação de Drake. Ela não indica de verdade quanto de vida extraterrestre existe. Só indica se o usuário é pessimista ou otimista. Assim, usá-la para quê?

CS: É uma ótima pergunta. E há uma ótima resposta. Que é: *poderia* ser revelado, ao se fazer esse exercício, que até no caso mais otimista o número de civilizações é tão baixo que não faria sentido procurar. Mas não foi esse o resultado. Há uma seqüência de números perfeitamente plausíveis que levam a um grande número de civilizações. Ele não dá garantia, mas sobrevive ao primeiro teste. Essa é sua única função, tirando o simpático fato de existir uma única equação conectando astrofísica estelar, cosmogonia do sistema solar, ecologia, bioquímica, antropologia, arqueologia, história, política e psicologia anormal.

Pergunta: Ai, isso me dá medo. Mas há um fato que acho que o professor Sagan não levou em conta na fórmula de Drake. A questão é que ele só levou em conta *esta* galáxia e não todos os outros — sei lá — milhares ou milhões de galáxias, até o Big Bang, há 15 bilhões de anos. Isto é, se o senhor vai usar essa fórmula específica, por que não a multiplica por esse fator específico?

CS: Outra boa pergunta, e eu estava só falando da justificativa para a busca de sinais de civilizações avançadas em nossa galáxia. É claro que se pode imaginar sua existência em alguma outra galáxia. Para que seus sinais cheguem até nós, precisam ter uma tecnologia bem mais avançada do que a nossa, e isso é perfeitamente possível. E na realidade Frank Drake e eu fizemos uma busca em algumas galáxias perto daqui, exatamente pensando nisso. Não encontramos nada nas poucas freqüências que tentamos. Mas, veja bem, quando se começa a imaginar sinais vindos de outra galáxia, fala-se de níveis de energia significativos, portanto de uma dedicação significativa por parte de uma civilização para tentar fazer contato com o que para ela seria uma galáxia distante. Se imaginamos civilizações na nossa própria galáxia, podemos pelo menos supor que elas sabem que este sistema solar é um abrigo adequado para a vida, mesmo que não tenham vindo aqui para verificar, que de alguma forma conseguiram definir nossa região da galáxia como endereço para uma mensagem específica. Não há como isso acontecer numa galáxia distante, pelo que consigo imaginar.

Isso me faz lembrar, porém, que esqueci de dizer uma coisa. Civilizações *muito* próximas *são capazes* de detectar nossa presença, e isso porque a televisão escapa. Não só a televisão, mas radares também. O radar e a televisão escapam para o universo. A maioria das rádios AM, por exemplo, não escapa. Vamos então pensar um pouco na televisão. Quando começa a transmissão comercial em grande escala na Terra? No fim dos anos 1940, principalmente nos Estados Unidos.

Portanto, quarenta anos atrás houve uma onda esférica de sinais de rádio que foi se expandindo à velocidade da luz, ficando cada vez maior com o tempo. Todo ano ela fica um ano-luz mais distante da Terra. Digamos então que estamos quarenta anos depois, portanto a frente da onda esférica está a quarenta anos-luz da Terra, contendo os arautos de uma civilização recém-chegada à galáxia. E não sei se vocês sabem muita coisa sobre a televisão dos anos 1940 nos Estados Unidos, mas teria Howdy Doody, Milton Berle, as Audiências Exército-McCarthy* e outros sinais de alta inteligência no planeta Terra. Às vezes me perguntam: se há tantos seres inteligentes no espaço, por que não vieram para cá? Agora vocês sabem. O fato de não terem vindo é um sinal da inteligência deles. (Estou só brincando.) Mas é de se pensar que nossas transmissões televisivas inconseqüentes sejam nossos principais emissários às estrelas. Isso implica um aspecto de autoconhecimento com o qual seria bom nos confrontarmos.

---

* Howdy Doody era um programa infantil, com um boneco ventríloquo; Milton Berle era um apresentador e comediante, e as audiências Exército-McCarthy foram pronunciamentos do então presidente com suas teses anticomunistas. (N. T.)

CAPÍTULO 5

Pergunta: Como reconhecer a verdade quando ela surge diante de nós?

CS: Uma pergunta simples: como podemos reconhecer a verdade? É claro que é difícil. Mas há algumas regras simples. A verdade precisa ter coerência lógica. Não deve se contradizer; ou seja, existem critérios lógicos. Ela tem que ser coerente com todo o mais que sabemos. Esse é mais um ponto em que os milagres encontram problemas. Sabemos muita coisa — certamente uma fração minúscula do universo, uma fração ridiculamente minúscula. Mas mesmo assim há coisas que sabemos e que têm uma confiabilidade bem grande. Assim, ao nos questionarmos sobre a verdade, precisamos garantir que ela não seja incoerente com tudo que já sabemos. Também devemos prestar atenção a quão ardentemente queremos acreditar em determinada afirmação. Quanto mais quisermos acreditar, mais céticos temos que ser. É preciso uma corajosa autodisciplina. Ninguém está dizendo que é fácil. Acho que esses três princípios separam pelo menos uma boa parte do joio. Não garantem que o que restará é a verdade, mas pelo menos reduzem significativamente o universo do discurso.

Pergunta: Você tem algum comentário a fazer sobre o Santo Sudário?

CS: O Sudário quase com certeza é uma falsa relíquia; ou seja, não é uma fraude contemporânea, mas uma fraude do século XIV, quando havia um tráfico significativo de falsas relíquias. E meu conhecimento técnico sobre o Sudário de Turim vem do dr. [Walter] McCrone, de Chicago, que trabalhou alguns anos em cima dele. Ele descobriu que o "sangue" eram pigmentos de óxido de ferro, e não há nada que não possa ser explicado pela tecnologia disponível no século xiv. Aliás, não há nenhum sinal de proveniência do Sudário anterior ao século xiv*. Então me perdoe por meu conhecimento ser de segunda mão nessa questão, e sei que tem gente que acredita, pelos motivos aparentes. Não, desculpe-me. Não disse isso direito. Tem gente que acredita que seja o sudário autêntico de Jesus morto na cruz. Mas as provas são muito escassas.

Pergunta: Os fanáticos postulam fantasmas e milagres. Os físicos propõem equações. Qual é a diferença fundamental entre eles? **CS:** Ótima pergunta. Como podemos saber o que é o quê? Uma coisa que podemos fazer é verificar a explicação em termos de repetibilidade. Verificabilidade. Assim, por exemplo, se os físicos depois de Isaac Newton dizem que a distância que um objeto em queda percorre num tempo t é uma constante vezes t^2, e se você é cético a respeito disso, ou duvida, pode realizar o experimento, e descobrirá que, se ele cair pelo dobro do tempo, avançará o quádruplo da distância, e assim por diante. Eles também dirão que a velocidade aumenta de forma proporcional ao tempo. Dá para verificar isso. Dá para lançar pedras do alto de pontes, se a polícia local permitir, e verificar essas alegações. Depois de um tempo percebe-se que, pelo menos nesse universo limitado, os físicos sabem do que estão falando. E, além do mais, é extraordinário que físicos budistas observem exatamente a mesma regularidade. E físicos hindus, físicos ateus, físicos cristãos, e por aí vai. Todos observam as mesmas leis da natureza. De algum modo, é uma coisa que não depende da cultura local, da educação local. O que os físicos dizem parece ser

---

* Em 1988 o Vaticano permitiu que amostras do material original do Sudário fossem datadas pelo método do radiocarbono. Três laboratórios (no Arizona, em Oxford e em Zurique) determinaram, de forma independente um do outro, que o tecido data do período entre 1260 e 1390 d.C.

verdade na Terra inteira. E aí você olha para outros planetas. Outras estrelas. Outras galáxias. E as mesmas leis aplicam-se a todo lugar. Isso não quer dizer que todas as afirmações de todos os físicos tenham esse mesmo nível maravilhoso de regularidade. Físicos cometem erros como todo mundo. Mas um dos aspectos em que os físicos levam vantagem é que existe uma tradição de ceticismo, uma tradição de verificar mutuamente as afirmações uns dos outros. E na religião há muita relutância à prática de questionar o que qualquer outro membro da casta profissional diga. Isso não acontece na física. Um físico fica quase tão extasiado em desmentir a afirmação de outro físico quanto em demonstrar algum novo princípio da física. E você conhece a famosa declaração de Newton de que, se ele pôde enxergar mais longe, foi porque estava sobre os ombros de gigantes. O que ele quis dizer é que há um progresso contínuo na ciência. E através dessa sucessão de idéias, através dessa verificação mútua, a matéria obtém incríveis avanços. Mas, se pegarmos as supostas provas religiosas da existência de Deus, é realmente notável que nenhuma prova nova tenha sido fornecida — muito menos validada —, que fundamentalmente nenhuma prova tenha surgido em séculos. O princípio antrópico do qual falei numa palestra anterior é o mais perto que se pode chegar, mas não passa de uma variante do argumento do design.

Noto, portanto, em termos metodológicos, uma diferença significativa entre os procedimentos da ciência e os procedimentos da religião. Uma pessoa aqui deu um ótimo exemplo. Ela disse: "Os cientistas falam do universo em expansão. O que deu início à expansão?". Muitos astrofísicos dizem que não é problema deles. O problema deles é dizer o que o universo está fazendo, mas não *por que* o universo está fazendo aquilo. Eles evitam a pergunta "por quê" — e não é por modéstia, embora a recusa seja às vezes formulada de uma maneira que sugere que não queremos nos meter nas grandes dúvidas. Mas os físicos adoram se meter com as grandes

248

dúvidas. O motivo de perguntas como "Por que o universo se expande?" serem consideradas inacessíveis é que não há nenhum experimento que se possa fazer para descobrir a resposta.

CS: A pergunta tem a ver com o Triângulo das Bermudas. É uma coisa que certamente não difere muito dos óvnis e dos antigos astronautas. É um exemplo tão bom quanto. É um caso em que, se rastrearmos os desaparecimentos ou naufrágios misteriosos de aviões e navios, encontraremos, como o alegado, uma concentração desses desaparecimentos numa região triangular perto das Bermudas. Muitas explicações já foram propostas, uma delas é que existe um óvni no assoalho do Atlântico que engole aviões e navios. Muitas coisas podem ser ditas sobre isso. As evidências estatísticas são mesmo essas? Na verdade, existe *alguma* evidência estatística? Há comparações? Os defensores do "mistério" do Triângulo das Bermudas comparam a taxa da perda de navios e aviões próximo às Bermudas com a taxa da perda de navios e aviões em alguma outra região do mundo de clima comparável e de área e tráfego equivalentes? Não tentam fazer isso. Mas outros fizeram, e não encontraram nem um pingo de evidência de que a taxa de desaparecimentos seja maior do que a de outros lugares.

E eu também levantaria outra questão. Por que não há nenhum exemplo de desaparecimento misterioso de trens? O trem parte de uma estação, tudo parece bem, e então ele deveria surgir na próxima estação. Não aparece. As pessoas procuram ao longo dos trilhos: desapareceu completamente! O problema do oceano é que se *afunda* nele. Ele tem uma explicação intrínseca para os desaparecimentos misteriosos, enquanto os trilhos das ferrovias oferecem oportunidades bem estranhas para desaparecimentos misteriosos.

Há um caso famoso, que vou contar e depois concluir. Uma enorme turbina elétrica que seria usada numa usina de energia foi terminada — esqueci exatamente onde foi... digamos em Michigan — e seria transportada por mais ou menos 1.500 quilômetros num vagão-plataforma, com a turbina amarrada, mas na posição vertical. O equipamento deixou a fábrica em perfeitas condições. O trem chegou ao destino, mas sem a turbina. A turbina já era. Como era uma peça muito cara, os detetives da ferrovia (vocês podem imaginar como esse caso era diferente daqueles com que eles estavam acostumados a lidar) percorreram cada centímetro dos 1.500 quilômetros de trilhos num pequeno vagão, e não havia nenhuma turbina ao lado da estrada de ferro. Tinha, então, sumido. Sobrenatural. E as seguradoras envolveram-se, porque era um equipamento caro, e houve uma segunda busca. Não acharam. Ninguém no trem viu nada.

Vinte anos se passaram, e aí, a cerca de cinco quilômetros dos trilhos, um pântano foi drenado para um projeto habitacional; lá estava, no fundo do pântano, aquela turbina, que deve ter se soltado e rolado cinco quilômetros até o pântano. Vocês podem imaginar alguém saindo para uma caminhada noturna e dando de cara com aquela aparição, rolando? Se alguém tivesse visto, sem dúvida teria sido motivo para fundar uma nova religião.

CAPÍTULO 6

Pergunta: Eu gostaria de fazer uma pergunta sobre suas considerações finais. O senhor estava falando sobre as possíveis provas que Deus poderia ter deixado para nós de Sua própria existência. O senhor não considera estar fazendo uma afirmação arrogante quando presume, por exemplo, que teria sido possível que Ele... que Deus tenha deixado nessas escrituras religiosas o tipo de afirmação que o senhor sugere, mas que nós simplesmente não tenhamos chegado àquele estágio de desenvolvimento? Por exemplo, se

250

Ele tivesse feito afirmações sobre a relatividade especial, cem anos atrás ainda não fariam sentido. Não pode haver declarações que daqui a cem anos façam sentido para nós, mas que não fazem agora? E, em segundo lugar, um exemplo mais específico: algumas pessoas da Universidade Hebraica em Tel-Aviv alegam que existem na Torá, em hebraico, várias palavras ou mensagens que ocultam os nomes de cerca de trinta árvores em hebraico, com as letras de cada árvore igualmente espaçadas dentro dos trechos. E sugerem que teria sido impossível, sem o uso de computadores, alguém ter criado mensagens tão complexas.

CS: Isso vem da tradição cabalística?

Pergunta: Hã-hã.

CS: Já dei uma pequena olhada, e acredito que seja um exemplo do erro estatístico da enumeração de circunstâncias favoráveis; isto é — qual é a melhor forma de dizer isso?—, existe uma correlação impressionante entre terremotos nos Andes e a oposição do planeta Urano. Isso é ou não é uma ligação causal? A primeira coisa que se pergunta é: quantas conexões tiveram que ser observadas para se chegar a essa específica? Vulcões na Sicília com oposições do planeta Marte — pensem em quantos vulcões existem no mundo, quantos terremotos acontecem, quantos planetas existem, quantas estrelas. Se se começar a fazer um número determinado de relações cruzadas, vai se conseguir, é claro, em algum momento, chegar a uma coincidência. E tudo que se precisa fazer no conhecimento a posteriori é adicionar todos os outros casos de possíveis coincidências que tenham sido observados ou que poderiam ter sido observados.

Os casos que você mencionou parecem-me altamente ambíguos. E eu perguntaria, entre outras coisas, por que esses resultados não foram submetidos às principais revistas científicas, a

Nature, por exemplo, na Grã-Bretanha, a *Science*, nos Estados Unidos? Por que tipo de revisão especializada passaram? E por que uma coisa tão obscura como tipos de árvores? Por que não a estrutura detalhada de mil proteínas de aminoácidos?

A respeito da primeira parte da sua pergunta, sobre se pode haver ou não esse tipo de revelação esperando por nós, mas ainda não sermos inteligentes o suficiente para reconhecê-las: talvez. É uma coisa que nunca pode ser descartada. Mas é uma base muito frágil em que se apoiar uma fé religiosa. Quando forem descobertas, *aí* falemos sobre elas, mas não até que isso aconteça. Talvez na superfície de Plutão haja uma descrição completa de tudo que queremos saber. E não chegaremos lá até meados do século xxi, portanto vamos ter que esperar. Tudo bem. Falemos sobre isso em meados do século xxi. Por enquanto, não existe esse tipo de evidência.

Pergunta: Na realidade Ele existe. Deus é amor.

CS: Bom, se dissermos que a definição de Deus é a realidade, ou que a definição de Deus é amor, não tenho nenhum problema com a existência da realidade nem com a existência do amor. Na verdade, sou a favor das duas. Isso não quer dizer, porém, que o Deus definido dessa forma tenha alguma coisa a ver com a criação do mundo ou com qualquer acontecimento da história da humanidade. Não quer dizer que o Deus definido dessa maneira tenha alguma coisa de onipotente ou onisciente. Só estou dizendo que precisamos atentar para a coerência lógica das várias definições. Se você diz que Deus é amor, o amor claramente existe no mundo. Desejo profundamente que a idéia de que o amor tudo domina seja verdadeira, mas é muito possível proporem-se argumentos, com uma simples folheada nos jornais diários, que sugerem que o amor não está em ascensão nas questões políticas contemporâneas. E não sei se ajuda algo dizer, perdoe-me, que Deus é amor, porque existem todas aquelas outras definições de Deus, que significam coisas bem diferentes. Se misturarmos todas as definições de Deus, fica muito confuso saber sobre o que se está falando. Há uma grande oportunidade para o erro. Minha proposta, então, é que chamemos realidade de "realidade", que chamemos amor de "amor", e que não chamemos nenhum dos dois de Deus, que não tem exatamente esses significados, embora tenha um número enorme de outros significados.

Pergunta: Dr. Sagan, quando o senhor falou ontem, mencionou alguma coisa sobre a abordagem da União Soviética ao registro de sua história, e disse que Trótski tinha sido virtualmente eliminado dela. Como o senhor veria o caso de um corolário a isso: talvez as pessoas possam ser *incluídas* na história. Jesus Cristo, por exemplo?

CS: Certamente que é possível. A única evidência da existência de Jesus são os quatro Evangelhos e os livros subseqüentes. E, excetuando isso, só há o relato de Josephus em *História dos judeus*, que evidências internas indicam ter sido incluído por apologistas cristãos mais tarde. Por outro lado, pessoalmente, acho que os relatos dos Evangelhos têm uma coerência interna razoável, e não vejo nenhum problema específico sobre a existência de Jesus como figura histórica, da mesma forma que Maomé, Moisés e Buda. No caso de todos eles, acho que a hipótese menos insatisfatória é que foram pessoas de verdade, figuras históricas genuínas, grandes homens, sendo que os detalhes da sua vida e missão foram, é claro, distorcidos tanto por defensores quanto por inimigos subseqüentes. É inevitável. É como os seres humanos fazem as coisas.

Pergunta: Gostaria de perguntar por que você acha que um ser onipotente iria querer deixar provas para nós.

CS: Acho que concordo totalmente com o que você está dizendo. Não há nenhum motivo para eu esperar que um ser onipotente deixe provas da Sua existência, excetuando o fato de as Palestras Gifford terem o objetivo de ser *sobre* essas provas. E espero que esteja claro que, se não vejo provas dessa existência de Deus, isso não significa que a partir desse fato eu diga que sei que Deus não existe.

É uma declaração bem diferente. *A ausência de prova não é prova da ausência.* Nem prova da presença. E de novo é uma situação que requer nossa tolerância à ambigüidade. A única força dessas declarações é para aqueles — que são de longe a grande maioria dos teólogos contemporâneos — que acreditam que existem exemplos naturais de provas para a existência de Deus ou de deuses. Assim, não tenho nenhum problema com nada disso. E, como vocês dizem, se existe um deus que nos deu livre-arbítrio, ou que simplesmente percebeu que temos livre-arbítrio, e que quer nos deixar livres para agir, então ele ou ela pode muito bem nos dar provas da sua existência, precisamente por esse motivo.

E isso está ligado a uma das muitas pequenas tangentes do problema da inteligência extraterrestre. Na verdade, há um paralelo perfeito entre os dois casos. Quero me deter um pouco nesse ponto. Dois tipos de argumentos surgiram. Um diz que, se a inteligência extraterrestre existe, ela tem recursos imensamente maiores do que os nossos. Vejam o que já fizemos em poucos milhares de anos de civilização. Imaginem outros seres que sejam milhões ou bilhões de anos mais avançados do que nós. Imaginem do que são capazes. Por que não estão aqui? Por que não reorganizaram o cosmos para que sua existência fique clara só de olharmos para o céu? "Tome Coca-Cola" escrito nas estrelas. Alguma coisa desse tipo. Uma mensagem mais religiosa. Mas por que o universo não é tão claramente artificial de modo a não termos dúvida da existência da inteligência extraterrestre? Não é um argumento diferente;

254

está só reformulado numa linguagem mais moderna, em termos ligeiramente diferentes. E uma das explicações — existem muitas; é possível organizar debates muito interessantes a respeito de assuntos sobre os quais não há dados —, uma das explicações é a chamada hipótese do zoológico, que diz que existe uma ética da não interferência nas civilizações emergentes, porque os extraterrestres querem ver o que os seres humanos vão fazer. Vamos deixá-los desenvolverem-se sozinhos, sem interferência externa; portanto há a exigência, rigidamente respeitada, de que ninguém de civilizações avançadas aterrisse na Terra. Isso me parece muito semelhante, não idêntico, ao que você estava dizendo sobre onipotência e livre-arbítrio.

Pergunta: A respeito da questão de Deus deixar alguma prova incrível da Sua existência nas escrituras: acho que o objetivo de Deus é deixar provas o tempo todo, para que todos os homens, até as crianças, entendam que Ele existe, e não deixar uma prova para que alguém descubra dali a milhares de anos e que vá beneficiar uma geração.
CS: Não, todas as gerações seguintes.

Pergunta: Ou todas as gerações seguintes, mas...
CS: Mil anos são um instante para o Senhor.

Pergunta: Assim como um dia. Certo. Não acredito, como físico, que a física trate da verdade. Acredito que ela trate de aproximações sucessivas à verdade.
CS: Eu também.

Pergunta: Acho que, se algum dia ela tratar da verdade, ficaremos sem emprego. Tenho consciência, pela história da física, de que não se pode dizer que se tem a equação definitiva para a gravidade ou a equação definitiva para a mecânica quântica, nada dessa natureza. E isso me faz lembrar, aliás, de uma citação de Einstein dizendo que Deus não joga dados. Acho difícil conciliar isso com a visão que o senhor apresentou de que Einstein considerava Deus equivalente ao universo e às leis da mecânica quântica.

CS: É claro que é coerente. Ele só estava dizendo que acreditava existirem variáveis ocultas por trás das quais as regularidades estatísticas da mecânica quântica podiam ser derivadas assim como a mecânica newtoniana. Foi só isso que ele disse.

Pergunta: Sim, mas ele não estava aceitando a mecânica quântica atual como o fim da história.

CS: Verdade. Ele estava dizendo que a indeterminação da mecânica quântica entrava em conflito com a idéia dele de um universo regido por leis físicas.

Pergunta: E ele atribuía isso a Deus.

CS: Ao que ele chamava de Deus. Certo.

Pergunta: Obrigado.

CS: Mas que é muito diferente do tipo tradicional de Deus.

Pergunta: Bom, pode ser ou pode não ser.

CS: Einstein foi explícito dizendo que era diferente. Por exemplo, na primeira viagem dele aos Estados Unidos, recebeu um telegrama angustiado do arcebispo de Boston querendo saber quais eram exatamente suas opiniões religiosas. E ele as declarou de forma muito explícita e corajosa, e não houve dúvida de que não era a visão religiosa tradicional de Deus. Quero dizer, não importa, porque Einstein é um homem só. Mas, como todos o admiramos, é bom saber o que ele disse de verdade.

Pergunta: É.

CS: E não era a visão tradicional, de jeito nenhum.

Pergunta: Sim, está bem, aceito. Falando das provas da existência de Deus, gostaria de relacionar a questão com o fato de que não há uma prova plenamente satisfatória de que cada pessoa nesta sala exista. Não sei se o senhor conhece alguma. Acho que no final tudo se resume a um tipo ou outro de crença de que as pessoas desta sala existem, e, pensando as provas da existência de Deus nesse contexto, estamos exigindo muito mais para provar a existência de Deus do que para provar nossa própria existência.

CS: Mas o ônus... o ônus da prova é daqueles que alegam que Deus existe. Ou você acha que não?

Pergunta: Acho que o senhor diz isso. Não acho isso, na verdade.

CS: Você acha que o ônus da prova está com quem diz que Deus não existe?

Pergunta: Um ônus da prova igual, eu diria. Não sei por que ele deveria ficar com quem diz que Ele existe.

CS: Mas você diria que, não importa o que se esteja defendendo, o ônus de provar ou desmentir recai igualmente em quem concorda e em quem discorda?

Pergunta: *Diria.*
CS: Você já pensou nas aplicações políticas disso?

Pergunta: Bem, acho que não é uma questão política.
CS: Não é, mas achei que você estivesse fazendo uma afirmação genérica.

Pergunta: Se o senhor pensar em uma afirmação da física, diria que em todos os casos o ônus da prova fica com quem prova um tipo de caso ou com quem prova outro tipo de caso?
CS: O ônus da prova sempre recai sobre quem faz a afirmação.

Pergunta: Tudo bem. Está bem. Mas só no sentido de que está desmentindo a outra afirmação.
CS: Não, não. Pode ser numa área em que ninguém defenda outra coisa.

Pergunta: Sim, bem...
CS: É, e me parece bastante adequado. Porque senão as opiniões seriam lançadas de forma muito inconseqüente, se quem as propusesse não tivesse o ônus de demonstrar sua veracidade. Aqui está o conjunto de 31 propostas que estou fazendo, e tchau. Quero dizer, ficaríamos em circunstâncias caóticas.

258

Pergunta: Sim, tudo bem. Entendo. Entendo o seu ponto de vista. Sim.

CS: O público está dando risada. Devo dizer que acho que são... algumas dessas teses são muito boas, e adoro essa noção de diálogo.

Pergunta: Não concordei com o modo como você apresentou algumas das provas da existência de Deus. Há uma outra prova que eu gostaria de dar. Não chamaria de prova. Chamaria de argumento, porque não acredito que se possa provar em termos absolutamente lógicos a existência de Deus.

CS: Então estamos de acordo.

Pergunta: Um eminente cientista chamado sir James Jeans, integrante de nossa Sociedade Real nos anos 1930, publicou um livro chamado *The mysterious universe*, em que discutiu em grande detalhe as novas descobertas da física. Ele apresentou um argumento bastante elegante a respeito da existência de Deus, baseado numa lei muito simples, quase tácita, que é que, se duas coisas interagem, elas devem ser de certa forma parecidas. Ele afirmou que é bem possível alguém olhar para o Sol, na aurora de uma linda manhã, e ter um belo e poético pensamento sobre aquilo. Ele analisou a cadeia de eventos que acabou produzindo o pensamento poético. Começou no Sol, com a luz sendo emitida, viajando através do espaço, chegando até a atmosfera, sendo refratada e no fim chegando à lente do olho, sendo focalizada na retina e viajando na forma de impulso nervoso para o cérebro, para então produzir um pensamento.

Ele disse que há duas maneiras de encarar isso. Ou se pode dizer que o pensamento é uma forma de energia, por sua capacidade de interagir com a energia, ou que a energia é uma forma de pensamento.

CS: São duas entre um número maior de maneiras possíveis de encarar isso.

Pergunta: Duas entre um número maior. Tudo bem. Agora, os cientistas que se restringem à visão puramente racional do homem diriam que, bem, é óbvio, então, que os pensamentos são uma forma de energia.
CS: Não, esse não é um bom argumento. É um argumento dos anos 1930, pré-neurologia moderna. "Pensamentos são uma forma de energia."

Pergunta: Bom, é igualmente válido dizer que talvez a energia que existe no universo esteja de alguma forma relacionada com o pensamento.
CS: Podem estar, talvez, relacionados de certa forma.

Pergunta: Se estão, para que haja um universo que todo mundo observa como o mesmo, deve haver um ser produzindo o pensamento.
CS: Por quê? Por quê? Por que a seleção natural não pode adaptar grandes números de organismos sem relação entre si às mesmas leis da natureza?

CAPÍTULO 7

CS: Recebi uma carta que concluía dizendo: "Às vezes tenho achado suas opiniões meio ingênuas e imaturas, mas tenho mais esperanças para esta semana". Espero não ter decepcionado. Deixem-me ler uma afirmação dessa pessoa profundamente preocupada, que pediu anonimato. Ela diz: "Em várias ocasiões pareceu-me que você tenta quantificar o que é uma experiência qualitativa. Existe um mundo espiritual e paranormal sobreposto ao físico. Mundos dentro de mundos. O homem não é só um ser físico, mas também uma entidade espiritual e paranormal".

Minha única resposta é que essa é uma alegação que, do meu ponto de vista, ainda tem que ser provada. Eu teria que perguntar: "Quais são as provas de que somos mais do que seres materiais?". Acho que ninguém vai duvidar de que a matéria faz parte da nossa composição. E a pergunta é: qual é a prova convincente de que ela não é responsável por toda nossa composição?

Pergunta: Senhor, tenho a sensação de que ainda temos muito que crescer. O cientista talvez ainda não saiba como encaixar um ser mais elevado nesse panorama, e de repente há coisas paranormais que são espirituais. O senhor está escolhendo o conjunto errado de faculdades para descartar o elemento espiritual. Precisa usar uma faculdade semelhante. Levará centenas de anos para que os cientistas possam provar o lado espiritual da vida.

CS: Você aceitaria a possibilidade de que não existe um lado espiritual na vida?

Pergunta: Não.

CS: Nem uma possibilidade? Nem um pinguinho de dúvida?

Pergunta: Sou uma daquelas pessoas que vivem com um pé em cada lado da vida. Um pé no espiritual e um outro pé bastante prático, como executiva, no mundo. Já provei.

CS: O que, em termos gerais, devemos fazer num diálogo como este? Aqui estou eu. Digo que estou com a cabeça aberta. Estou disposto a ver as provas, e a resposta que às vezes recebo é: "Já tive essa experiência. Ela me convenceu. Mas não tenho como transmiti-la a você". Isso não impede todo e qualquer tipo de diálogo? Como vamos nos comunicar?

Pergunta: Veja bem, acho que o senhor está se detendo nas faculdades mentais que possui e dizendo: "Sou assim. Isso está errado". Ora, existem faculdades que certamente não se pode criar, porque elas já estão na mente, faculdades espirituais.

CS: Veja bem, digo que elas não — não está comprovado —, não há provas de que elas existam. Primeiro você tem que mostrar que elas existem para depois manter um programa de grandes dimensões para incentivá-las.

Pergunta: Não acho que seja preciso tocar piano para provar que se é capaz de tocá-lo.

CS: Não. Mas posso exigir, pelo menos, antes de começar a praticar o piano, ver que o piano existe, ver alguém se sentar ao piano, mexer os dedos e produzir música. Isso então vai me convencer de que o piano existe, de que a música existe e de que não está totalmente fora da capacidade humana produzir música num piano. Mas, quando peço alguma coisa comparável a isso no mundo paranormal, ninguém nunca me mostra. Nunca vi alguém produzir um — sei lá —, um dragão paranormal de seis metros de altura. Ou alguém chegar e escrever na lousa a demonstração do último teorema de Fermat. Simplesmente nunca há nada de concreto. Você entende por que fico um tanto frustrado?

Pergunta: Sim, entendo. Mas o senhor possui habilidades capazes de abrir essa porta.

CS: Você está querendo que *eu* ache o mundo espiritual? Não.

Pergunta: Tenho a esperança de que cada indivíduo possa encontrá-lo por si só. É uma questão de autodisciplina.

CS: Acho que, antes da disciplina, temos primeiro que demonstrar que há algo sobre o que ser disciplinado. Nem por um instante eu negaria que há uma imensa quantidade de coisas que ainda temos que aprender. Acredito que, na verdade, descobrimos apenas a fração mais minúscula das maravilhas da natureza. Mas só acho que, enquanto aqueles que acreditam no mundo espiritual, paranormal ou sei-lá-como-se-quiser-chamar não puderem demonstrar de alguma maneira sua existência, não é grande a chance de os cientistas dedicarem lá muito tempo a esboçar a possibilidade.

Pergunta: Quão confiáveis como provas, o senhor diria, são as leituras eletroencefalográficas feitas em determinados experimentos com pessoas que praticam diversos tipos de meditação, talvez dos ensinamentos orientais, e que registraram padrões de ondas cerebrais mais centrais no momento em que os sentidos físicos estavam inativados e a mente tinha mergulhado no consciente, no subconsciente, no inconsciente, como preferir? Isso foi feito na Universidade de Berkeley [a Universidade da Califórnia em Berkeley] com uma amiga minha, ela foi colocada num ambiente simulado para criar essas circunstâncias.

CS: Bom, certamente concordo que o inconsciente existe. Há todo tipo de provas disso em nosso cotidiano, e Freud elaborou uma argumentação convincente para sua existência. Acho essencial que o compreendamos, e acho que tem papel poderoso, talvez até dominante, nas relações internacionais, e esse portanto é um motivo bastante prático para que o compreendamos.

Também acredito que existem estados alterados de consciência que podem ser provocados por algumas pessoas — tem a ver com o que eu disse antes —, pela privação sensorial e por determinados agentes moleculares. Mas não sei de nenhuma evidência de que não se trate de um modo diferente de interação entre as moléculas de nosso cérebro, uma seqüência diferente de conexões entre neurônios; isto é, é garantido que o cérebro funcione de outras maneiras. Também é garantido que não entendemos plenamente essas outras maneiras. Mas que seja outra coisa que não a matéria — não há nem um pingo de evidência disso. Isso responde?

Pergunta: Sim.
CS: Obrigado.

Pergunta: Professor Sagan, esta é uma pergunta sobre a hipótese da existência de Deus. O senhor não acha que a ciência, por normalmente ter de procurar as respostas para as coisas materiais e por ter de parecer procurar as respostas, sujeita à pressão e à admiração públicas, aventurou-se desta vez num território religioso no qual deveria adotar uma abordagem talvez mais cautelosa, levando em conta, como o senhor admite, a falta de provas escrupulosas e de fé? Eu achava que a ciência servia à humanidade, e não a humanidade à ciência.

CS: Certamente concordo com a última frase, mas não vejo como ela está ligada ao resto do que você disse. Minha convicção pessoal é que existem limitações, é claro, à ciência, e acabei de indicar como é minúscula a fração do que conhecemos do mundo. Mas esse é o único método que mostrou funcionar. E, se mantivermos em mente quão sujeitos somos a nos enganar, a enganar a nós próprios — esse foi o enfoque de algumas das discussões que tivemos sobre os óvnis —, fica claro que o que precisamos é de uma abordagem muito cética e realista para as alegações que são feitas nessa área. E essa abordagem cética e realista já foi testada e aperfeiçoada: chama-se ciência.

Ciência não passa de uma palavra, do latim, para "conhecimento". E é difícil para mim acreditar que alguém possa ser contra o conhecimento. Acho que a ciência funciona com um equilíbrio delicado entre dois impulsos aparentemente contraditórios. Um deles, capacidade de síntese, holística, criadora de hipóteses, que algumas pessoas acreditam estar localizada no hemisfério direito do córtex cerebral; e outro, capacidade analítica, cética, de escrutínio, que algumas pessoas acreditam estar localizada no hemisfério esquerdo do córtex cerebral. E é só a mistura entre as duas, a geração de hipóteses criativas e a rejeição escrupulosa daquelas que não correspondam aos fatos, que permite à ciência e a qualquer atividade humana, creio eu, avançar.

Quanto a mim como responsável por uma abordagem científica para as questões de religião, acho que isso está implícito quando se convida um cientista para as Palestras Gifford. Seria bem difícil para mim deixar meu lado científico do lado de fora ao entrar. Eu iria aparecer pelado diante de vocês.

Pergunta: Bem no fim da sua palestra, o senhor fez referência à declaração de Bertrand Russell de que não se deve acreditar numa proposição se não tiver boas bases para acreditar que ela seja verdadeira. Ora, essa certamente é uma proposição. Que bases o senhor teria para acreditar nessa proposição?

CS: Sim. Essa é uma ótima pergunta que leva a uma regressão infinita. E repare que Russell disse que ia simplesmente propor essa afirmação para nossa consideração. Russell foi, em sua encarnação matemática, o autor precisamente dos paradoxos lógicos como o que você acabou de sugerir. Assim, se você quer que a afirmação se justifique na lógica interna — isto é, num sistema fechado e coerente —, obviamente isso não pode acontecer, porque ela leva à regressão infinita. Mas, como eu ia dizendo, parece-me que a abordagem do escrutínio cético se recomenda sozinha, por ter funcionado tão bem no passado. Tantas descobertas — tentei mostrar algumas das mais simples, físicas e astronômicas, nas primeiras palestras — tornaram-se possíveis pelo fato de a ciência *não* aceitar o conhecimento tradicional, *não* acreditar cegamente no que era ensinado pelas religiões e pelas escolas laicas, no que todo mundo sabia — os ensinamentos de Aristóteles na física e na astronomia, por exemplo —, e em vez disso perguntar: "Há mesmo provas disso?". É esse o método da ciência. E, a cada passo do caminho, ele produziu reavaliações dolorosas e emoções adversas profundas. Compreendo isso muito bem. Mas me parece que, se não nos dedicarmos à verdade nesse sentido de verdade, vamos nos dar mal.

CAPÍTULO 8

Pergunta: Quão grave você acha que é o problema com os criacionistas dos Estados Unidos?

CS: Bem, pessoas diferentes darão respostas diferentes. Alguns cristãos fundamentalistas acreditam que não há dúvida de que o mundo vai acabar em pouco tempo, que os sinais, especialmente a formação em 1948 do Estado de Israel, estão claros; isto é, existem muitos cristãos fundamentalistas, pelo menos nos Estados Unidos — não sei em outras partes do mundo —, que acreditam piamente que isso seja verdade. E haverá uma tribulação e um arrebatamento, e existe toda uma mitologia sobre o que vai acontecer.

O reverendo Falwell* até diz que os crentes, quando o trompete soar, serão levados de corpo e tudo para o céu. E, se estiverem dirigindo naquele momento, ou pilotando um avião, o carro e o avião com seus passageiros incrédulos ficarão em sérias dificuldades. De onde se conclui que deveria haver um teste de fé para emitir carteira de habilitação.

Pergunta: Você parece acreditar que, na eventualidade de uma guerra nuclear, há a possibilidade de todos os seres humanos serem extintos. Faço a pergunta com base em duas coisas que você não mencionou em sua fala: primeiro, que as usinas nucleares de energia ficarão danificadas numa guerra nuclear, e vão fazer com que a radiação vaze, o que será perigoso por milhares de anos, e, segundo, que não sabemos os efeitos da luz ultravioleta que pode chegar à Terra depois de uma guerra nuclear.

CS: Certo. O autor da pergunta diz: está claro que outras formas de vida vão sobreviver, tendo em vista o aumento de fluxo ultravioleta devido à destruição da camada de ozônio e à chuva radioativa, especialmente se as usinas de energia nuclear servirem de alvo? Mencionei a grama e as baratas por causa da sua alta resistência à radiação. E, se observarmos bem, descobriremos que são várias ordens de magnitude mais resistentes do que os seres humanos. Uma dose típica de radiação para matar um ser humano é de algumas centenas de rads. Existem organismos que não morrem enquanto não forem alvo de alguns milhões de rads. Além disso, quanto aos vermes marítimos comedores de enxofre que mencionei, não foram escolhidos aleatoriamente. Eles passam a vida toda no fundo dos oceanos, aonde nenhuma luz ultravioleta consegue

---

* Reverendo fundamentalista norte-americano Jerry Falwell, morto em maio de 2007. (N. T.)

chegar, e onde estão bem isolados contra a radioatividade do ambiente. Por essas razões ainda digo que muitas formas de vida sobreviveriam, e com as extinções em massa do passado, como a do Cretáceo-Terciário, fica claro que muitas formas de vida sobreviveram no passado a eventos provavelmente mais graves do que uma guerra nuclear, embora seja bem verdade que a radioatividade não foi um componente desses eventos passados.

Pergunta: Como cientista, o senhor descartaria a possibilidade de a água ter se transformado em vinho na Bíblia?

CS: Descartar a possibilidade? Certamente não. Não descartaria nenhuma possibilidade desse tipo. Mas com certeza eu não gastaria nem um minuto com ela, a não ser que houvesse alguma evidência.

CAPÍTULO 9

CS: Recebi uma pergunta em uma carta que me foi enviada no hotel, a qual estava assinada "Deus Todo-Poderoso". Provavelmente só para chamar minha atenção. Ela dizia que a definição de milagre do autor seria o fato de eu responder à carta. Então, para mostrar que milagres acontecem, pensei em responder à pergunta. A pergunta era direta e importante, proposta com freqüência: "Se o universo está se expandindo, está se expandindo para onde? Para alguma coisa que não é o universo?".

O modo de pensar isso é lembrar que estamos presos nas três dimensões, o que restringe nossa perspectiva (embora não haja muito que possamos fazer sobre estar presos nas três dimensões). Mas vamos imaginar se fôssemos seres bidimensionais. Absolutamente achatados. Conheceríamos direita/esquerda e para frente/

para trás, mas nunca teríamos ouvido falar de para cima/para baixo. É uma idéia absolutamente incoerente. Nada além de sílabas sem sentido. E agora imaginem que vivemos na superfície de uma esfera, um balão, por exemplo. Mas é claro que não sabemos da curvatura através dessa terceira dimensão, porque essa terceira dimensão nos é inacessível, e não conseguimos nem imaginar como ela seja. Agora imaginemos que a esfera se expanda, que o balão seja soprado. E há uma série de pontos no balão, e cada um representa, vamos dizer, uma galáxia. Percebemos que, do ponto de vista de cada galáxia, todas as outras galáxias estão se afastando. Onde está o centro da expansão?

Na superfície do balão, a única parte dele a que as criaturas planas têm acesso, onde fica o centro da expansão? Não é na superfície. Está no centro do balão, naquela terceira dimensão inacessível. E, da mesma maneira, para onde o balão está se expandindo? Está se expandindo naquela direção perpendicular, aquela direção para cima/para baixo, aquela direção inacessível, então não se pode, da superfície do balão, apontar o lugar para o qual ele está se expandindo, porque aquele lugar está na outra dimensão.

Agora acrescentem uma dimensão a todo processo e vocês terão uma idéia do que se está falando quando se diz que o universo está em expansão. Espero que isso tenha ajudado, mas, considerando a posição do autor, ele já deveria mesmo saber.

Pergunta: Um programa do governo Reagan passou pela televisão na semana passada. O sr. Paul Warnke declarou que o Guerra nas Estrelas [a Iniciativa de Defesa Estratégica, ou SDI] vai fracassar.

CS: Talvez eu devesse dizer algumas palavras sobre o Guerra nas Estrelas. O Guerra nas Estrelas é a idéia de que é terrível sofrer a ameaça da aniquilação em massa, especialmente nas mãos de gente que não conhecemos. Não seria muito melhor ter um escudo impermeável que nos proteja de armas nucleares, simplesmente derrubar as ogivas soviéticas quando elas estiverem vindo para cá? E isso, como idéia, é razoável. O problema é: dá para fazer? E não vou citar aqui a legião de especialistas técnicos que acreditam que se trate de uma bobagem completa. Em vez disso, vou citar seus mais fervorosos defensores no governo americano, no Departamento de Defesa. *Eles* dizem que, depois de algumas décadas e do dispêndio de alguma coisa como 1 tr... — bem, *eles* não dizem qual será o gasto, mas é um gasto de algo em torno de 1 trilhão de dólares —, que os Estados Unidos terão a capacidade de derrubar entre 50% e 80% das ogivas soviéticas.

Vamos imaginar que a União Soviética não faça nada nas próximas décadas para aperfeiçoar sua capacidade de ataque; deixe tudo (uma possibilidade bastante improvável) no nível atual da sua força ofensiva — isso significa 10 mil armas. Dez mil ogivas nucleares. Vamos dar o benefício da dúvida aos propositores do Guerra nas Estrelas e imaginar que, em vez de entre 50% e 80%, consigam derrubar 90% das ogivas. Isso deixa 10% sem se abater.

Dez por cento de 10 mil ogivas (um exercício aritmético acessível a qualquer um) dá mil ogivas. Mil ogivas é o suficiente para arrasar totalmente os Estados Unidos. Então do que estamos falando?

Os *defensores* dizem que o programa não é capaz de proteger os Estados Unidos. E muitas outras coisas podem ser ditas sobre ele, mas acho que esse é um ponto-chave. Seus defensores acham que não vai funcionar. E vai custar 1 trilhão de dólares. Devemos ir em frente?

Pergunta: O senhor acha que o seu povo vai seguir adiante?

CS: Por que fazer uma coisa tão estúpida? Ótima pergunta. E aqui estamos nós, entrando em questões nebulosas de política, psicologia e assim por diante, mas não gosto de fugir das perguntas. Vou dizer o que acho. Acho que a alternativa é abominável para as potências. A alternativa é negociar reduções maciças, verificáveis e bilaterais das armas nucleares, o que seria a admissão de que toda corrida armamentista nuclear foi uma tolice sem fim, e que todos aqueles líderes — americanos, russos, britânicos, franceses — dos últimos quarenta anos, que compraram aquilo tudo, colocaram suas nações em perigo. É uma admissão tão desconfortável que exige grande força de caráter. Assim, acho que, em vez de admitir, vamos observar uma tentativa desesperada de ter ainda mais tecnologia para nos tirar do problema em que fomos postos pela própria tecnologia. A solução tecnológica definitiva. Ou, como às vezes ela é chamada, "a falácia da última jogada". Só mais um avançozinho na corrida armamentista, por favor, e depois tudo ficará bem para sempre. E, se há algo claro na história da corrida das armas nucleares, é que as coisas não são assim. Cada lado, normalmente o americano, inventa um sistema de armamentos, e o outro lado, normalmente o soviético, devolve o invento. As duas nações ficam menos seguras do que eram antes, mas gastaram um belo montante de dinheiro, e todo mundo fica feliz. Agora, não há dúvida de que, se acenarmos com 1 trilhão de dólares para a comunidade da indústria aérea do mundo, teremos organizações, corporações, militares etc. interessados, o sistema funcione ou não.

E tenho certeza de que esse é um componente da questão. Mas não é o componente principal. O componente principal é a trágica relutância em enfrentar a falência da corrida pelas armas nucleares. Nos Estados Unidos, oito presidentes consecutivos, algo assim, dos dois partidos políticos, as compraram. A maioria das pessoas que dirige o país defende a corrida pelas armas nucleares ou já a defendeu. É muito difícil dizer: "Sinto muito, erramos", sobre uma questão dessa dimensão. Esse é o meu palpite.

Pergunta: Acho que pela primeira vez, ontem, o presidente Reagan propôs compartilhar a tecnologia do sistema de defesa estratégica com os russos.

CS: Não é a primeira vez. Ele diz isso o tempo todo.

Pergunta: É, mas não é talvez preferível que os esforços conjuntos das grandes potências sejam ampliados para, quem sabe, questões defensivas, em vez das armas ofensivas que os têm mantido ocupados há tanto tempo?

CS: Não, não concordo. Estamos falando de um escudo. Vamos imaginar um outro tipo de escudo, o escudo contraceptivo. Vamos imaginar que o escudo contraceptivo deixe apenas 10% dos espermatozóides passarem. É melhor do que nada, ou não? Defendo que é pior do que nada — entre outras coisas, por dar uma falsa sensação de segurança. Mas, quanto à idéia de compartilhar a tecnologia, esse é um governo que não deixa que os soviéticos tenham nem um microcomputador da IBM. E querem que acreditemos que os Estados Unidos vão entregar a enésima geração do computador de gerenciamento de batalhas, que está a décadas de distância, e que será tão complicada que o seu programa não poderá ser escrito por um ser humano, nem por nenhum grupo de seres humanos? Só poderá ser escrito por outro computador. Só poderá ser corrigido por outro computador. E jamais será testado, exceto na própria guerra nuclear. E é isso que vamos entregar aos russos? Em qualquer um dos casos, se achássemos que ia funcionar ou se não achássemos que ia funcionar, não consigo imaginar os russos dizendo: "Muito obrigado. A partir de agora esse será o principal pilar da segurança da União Soviética, esse programa que os americanos mui gentilmente acabaram de nos entregar".

Nem consigo imaginar que os Estados Unidos, depois de dar uma analisada fria na idéia, entreguem a segurança do país a esse esquema maluco. Um sistema que tem que funcionar perfeitamente para proteger o país e que jamais poderá ser testado. Confie em nós. Vai dar tudo certo. Não se preocupe.

Pergunta: As crenças religiosas podem se adaptar ao futuro?
CS: Bom, essa é certamente uma pergunta importante. Minha sensação é que depende do que é religião. Se religião é falar sobre como é o mundo natural, então para ter sucesso ela precisa adotar os métodos, os procedimentos e as técnicas da ciência, e se tornar indistinguível da ciência. Mas de maneira nenhuma isso quer dizer que a religião se atém a isso. Tentei indicar no final da minha última palestra algumas das muitas áreas em que a religião pode ter uma influência útil na sociedade contemporânea, e em que as religiões, na sua grande maioria, não têm. Mas isso é muito diferente de dizer o que o mundo é ou como ele surgiu. E nesse ponto as religiões judaico-islâmico-cristãs simplesmente adotaram a melhor ciência da época. Mas foi há muito tempo, no tempo do século VI a.C., durante a subjugação dos judeus pelos babilônios. É daí que vem a ciência do Antigo Testamento. E parece-me importante que as religiões se adaptem ao que se aprendeu nos 26 séculos que se passaram desde então. Algumas se adaptaram, é claro, em vários níveis; muitas não.

Pergunta: [*inaudível*]
CS: O deus de que Einstein falava é completamente diferente, como tentei dizer várias vezes nestas palestras, do deus judaico-cristão-islâmico padrão. Não é um deus que intervém no cotidiano; não há microintervenção, não há prece. Não está nem mesmo claro se foi esse deus que fez o universo. Portanto, é um uso bem diferente da palavra *deus* do que sua tentativa de justificar a religião existente. Que temos que usar nossos órgãos sensoriais e nossas habilidades

intelectuais para compreender essas questões, acho que é evidente. Talvez eles sejam limitados, mas é só o que temos. Então façamos o máximo com o que temos. Não imponha, digo eu, nossas predisposições ao universo. Olhe abertamente para o universo e veja como ele é. E como ele é? Há ordem lá. É uma quantidade impressionante de ordem, não a que introduzimos, mas a que já está lá. Você pode preferir concluir a partir desse fato que há um princípio ordenador e que Deus existe, e então voltamos a todos os outros argumentos. De onde veio o princípio de ordenação? De onde veio Deus? Se você diz que não devo questionar de onde Deus veio, por que então devo questionar de onde o universo veio? E assim por diante.

Pergunta: Professor Sagan, eu gostaria de um conselho, por favor. O senhor acha que uma pessoa pode fazer alguma coisa para de certo modo mudar a situação do mundo, ou devemos apenas nos conformar e aceitá-la?

CS: Não, você não tem que se conformar. Acho que, se deixarmos por conta dos governos, continuaremos na mesma direção desorientada pela qual estamos seguindo há quarenta anos ou mais. Acho que o primordial, numa democracia, onde existe pelo menos certa pretensão de que o povo controle as políticas do governo, é que todos os processos democráticos sejam utilizados. É preciso assegurar que as pessoas em quem se vota tenham idéias racionais sobre essas questões. Pode-se dar duro para garantir que haja uma diferença real de opinião entre os candidatos alternativos. Pode-se escrever cartas para os jornais e assim por diante. Entretanto, mais importante do que qualquer coisa, creio eu, é que cada um de nós se equipe com um "kit de detecção de balelas".

Ou seja, os governos gostam de dizer que tudo está ótimo, que eles têm tudo sob controle e que os deixemos em paz. E muitos de nós, especialmente em questões que envolvem tecnologia, como a guerra nuclear, têm a impressão de que é complicado demais. Não conseguimos entender. Os governos têm especialistas. Com certeza sabem o que estão fazendo. Devem estar a favor do nosso país, seja lá ele qual for. E, além de tudo, é um assunto tão doloroso que quero tirá-lo da cabeça, o que os psiquiatras chamam de negação. E me parece que isso é uma receita para o suicídio, que precisamos, todos nós, entender desse assunto, porque nossa vida depende dele, assim como a vida dos nossos filhos e netos. Não é um assunto para se apoiar na fé. Se existe uma circunstância em que o processo democrático deve assumir o controle, é essa. Algo que determina nosso futuro e que é caro a todos nós. Portanto, eu diria que a primeira coisa a fazer é se conscientizar de que os governos, todos os governos, pelo menos de vez em quando, mentem. E alguns deles mentem o tempo todo — alguns mentem só metade do tempo —, mas, em geral, os governos distorcem os fatos com o objetivo de permanecer no poder.

E, se formos ignorantes e não soubermos nem mesmo fazer os questionamentos essenciais, não vamos fazer muita diferença. Se formos capazes de entender os problemas, se pudermos fazer as perguntas certas, se conseguirmos apontar as contradições, então poderemos obter algum progresso. Muitas outras coisas também podem ser feitas, mas acredito que essas duas, o kit de detecção de balelas e a utilização do processo democrático sempre que disponível, são pelo menos as primeiras duas coisas a se levar em consideração.

Pergunta: [*Inaudível*]

CS: Certo. Você diz que todo mundo neste recinto já foi agressivo. Certamente é verdade. Tenho certeza de que é verdade. Pode haver alguns santos aqui... e espero que haja mesmo. Mas pelo menos quase todo mundo nesta sala deve ter sido. Mas também sustento que todo mundo nesta sala já foi piedoso. Todo mundo nesta sala já amou. Todo mundo nesta sala já sentiu ternura. E assim temos dois princípios antagonistas no coração humano, que devem ter evoluído pela seleção natural, e não é difícil entender a vantagem seletiva de cada um deles. E assim a questão tem a ver com qual é a preponderância. Nesse ponto o uso do nosso intelecto é crucial. Porque estamos falando de conciliar emoções conflitantes. E não dá para uma emoção ser a conciliação *entre* emoções. Isso precisa ser feito com a nossa capacidade intelectual perceptiva. E foi aí que Einstein disse uma coisa muito perspicaz. Em resposta — isso foi no pós-guerra nuclear, pós-1945 —, em resposta precisamente à pergunta que você acabou de formular, Einstein disse que devemos garantir a dominância do nosso lado piedoso, ele disse: "Qual é a alternativa?". Isto é, se não conseguirmos, fica claro que não sobra nada. Estaremos condenados. Portanto, não temos alternativa. É óbvio que a agressão desenfreada, constante, numa era de armas nucleares, é a receita para o desastre. Então ou nos livramos das armas nucleares ou mudamos aquilo que é amplamente aceito como relação social entre os seres humanos.

Mas mesmo a eliminação total das armas nucleares não resolve o problema. Haverá novos avanços técnicos. E já existem armas químicas e biológicas que podem talvez até se comparar aos efeitos de uma guerra nuclear. Dessa maneira, trata-se de um aspecto central daquilo que eu tinha em mente quando disse que estamos no marco zero da nossa história, a respeito de definir quem somos. Sustento que não é uma questão de mudança brusca, que já fomos piedosos por 1 milhão de anos, e que é uma questão de a que parte da psiquê os governos — e a mídia, as Igrejas, as escolas — dão precedência. Qual eles ensinam? Qual encorajam? E só estou dizendo que somos capazes de sobreviver. Não garanto que vamos sobreviver. Profecia é coisa que não existe mais. E não sei quais são as probabilidades de irmos para um lado ou para o outro. Ninguém diz que é fácil. Mas está claro, como disse Einstein, que, se não mudarmos nosso modo de pensar, tudo estará perdido.

Agradecimentos

Editar essas palestras me proporcionou, durante alguns momentos preciosos, o agradável delírio de imaginar que estava de novo trabalhando com Carl Sagan. As palavras ditas por ele nas palestras retumbavam em minha cabeça e eu tinha a maravilhosa impressão de que havíamos de alguma maneira sido transportados de volta para as duas sublimes décadas em que pensávamos e escrevíamos juntos.

Tivemos o prazer de escrever vários de nossos projetos, a série de TV *Cosmos*, entre eles, com o astrônomo Steven Soter, nosso amigo querido. Desde a morte de Carl, Steve e eu escrevemos os dois primeiros shows do planetário do magnífico Rose Center, no Museu Americano de História Natural, em Nova York. Quando terminei de transformar as Palestras Gifford de Carl em livro, convidei Steve para me ajudar a editar os últimos originais. Sabíamos que Carl não gostaria que usássemos os slides de 1985 apresentados nas palestras. Desde então os astrônomos já viram muito mais coisas, e com muito mais clareza. Steve encontrou as belíssimas imagens que os substituíram. Também escreveu as atualizações científicas que aparecem nas notas de rodapé. Agradeço a ele pelas várias contribuições editoriais a este livro.

Ann Godoff é nossa editora desde *Sombras de antepassados esquecidos*, o favorito de Carl entre todos os livros que escrevemos. Ela também editou *Pálido ponto azul*, *O mundo assombrado pelos demônios* e *Bilhões e bilhões*, de Carl. Foi o fato de ela ter reconhecido que as Palestras Gifford deveriam se transformar em livro que tornou possível a concretização de *Variedades da experiência científica*. Sua imaginação e sagacidade fizeram do processo dessa transformação um prazer. E agradeço às colegas dela na Penguin Press, a diretora de arte Claire Vaccaro e Liza Darnton, assistente de Ann, por tudo que fizeram pelo livro e por mim. Sou grata a Maureen Sugden por sua preparação meticulosa e ponderada dos originais.

Jonathan Cott sempre foi uma estrela que me serviu de guia para todo tipo de grande experiência cultural. Também estou em débito com ele pelos valiosos comentários editoriais e pelas sugestões que me deu para este livro.

Agradeço a Sloan Harris, do ICM, pela excelente representação e por seu comprometimento constante com meu trabalho, e a Katharine Cluverius, do escritório dele, pela gentil ajuda.

Kristin Albro e Pam Abbey, do meu escritório em Cosmos Studios, ofereceram um valioso apoio administrativo, e Janet Rice ajudou de várias maneiras, possibilitando que eu pudesse me concentrar nesta obra.

Gostaria de reconhecer o incentivo e a gentileza calorosa de Harry Druyan, Cari Sagan Greene, Les Druyan e Viky Rojas-Druyan, Nick e Clinnette Minnis Sagan, Sasha Sagan, Sam Sagan, Kathy Crane-Trentalancia e Nancy Palmer.

As Palestras Gifford de Carl foram detalhadamente transcritas a partir de fitas de áudio, muito tempo atrás, por Shirley Arden, assistente executiva dele na época. Conforme eu lia as transcrições, feitas sem a magia dos processadores de texto permitida pela tecnologia atual, reforçou-se o meu respeito pelo seu trabalho sempre meticuloso.

Também gostaria de agradecer aos organizadores das Palestras Gifford e à Universidade de Glasgow pelo amável convite a Carl e por sua hospitalidade durante nossa estada na Escócia.

Durante os dez anos desde a morte de Carl, essas palestras ficaram esquecidas numa das milhares de gavetas dos seus vastos arquivos. Por algum motivo desconhecido, as Palestras Gifford jamais entraram no índice dos arquivos, que normalmente é bastante minucioso. Em meio à pandemia mundial de violência fundamentalista e numa época em que, nos Estados Unidos, a falsa piedade da vida pública chega a níveis inéditos, e em que a separação essencial entre Igreja, Estado e salas de aula das escolas públicas sofre perigosa erosão, achei que o posicionamento de Carl sobre essas questões era mais do que nunca necessário. Procurei em vão pelas transcrições. Nosso amigo, que prefere permanecer anônimo, conseguiu o que eu não tinha conseguido. Minha gratidão a ele por isso, e por muito mais, é profunda.

ANN DRUYAN
Ithaca, Nova York
21 de março de 2006

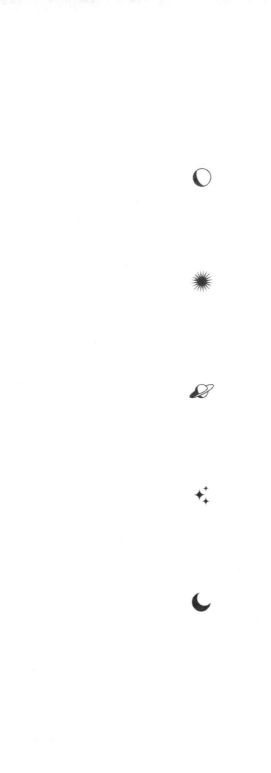

Legendas das imagens

Frontispício: campo ultraprofundo do Hubble

Em 2004 o telescópio espacial Hubble observou um pequeno trecho do céu (um décimo do tamanho da lua cheia) durante onze dias para fazer esta imagem de quase 10 mil galáxias. A luz das galáxias mais distantes levou quase 13 bilhões de anos para chegar até as lentes do Hubble. Cada galáxia contém bilhões e bilhões de estrelas, e cada estrela é um sol em potencial para cerca de uma dúzia de mundos.

A ciência ergue o manto de um pequenino pedaço da noite e encontra 10 mil galáxias escondidas ali. Quantas histórias, quantas maneiras de estar no universo existem ali? Todas naquilo que, para nós, era só um pedacinho de céu vazio.

Figura 1. Nebulosa da Águia

Uma maternidade estelar a 6.500 anos-luz de distância de nós. Através de uma janela na escura concha de poeira interestelar, vemos um agrupamento de estrelas recém-nascidas e brilhantes. Sua intensa luz azul possui filamentos esculpidos e paredes de gás e poeira, iluminando uma cavidade numa nuvem de cerca de vinte anos-luz de extensão.

Figura 2. Nebulosa do Caranguejo

Isto foi o que restou da mesma estrela que explodiu, ou supernova, observada por astrônomos chineses e índios americanos anasazi na constelação de Touro em 1054 d.C. Eles registraram o repentino surgimento de uma brilhante estrela, que depois foi aos poucos desaparecendo. Os filamentos são os fragmentos liberados pela estrela, enriquecidos pelos elementos pesados produzidos pela explosão.

Figura 3. O Sol e os planetas

Aqui, na ordem e nos tamanhos relativos, estão o Sol (à esquerda), os quatro planetas terrestres (Mercúrio, Vênus, Terra, Marte), os quatro planetas gigantes de gás (Júpiter, Saturno, Urano, Netuno) e Plutão (bem à direita).

Figura 4. Sistema solar de Wright e Sirius

O pedaço do alto mostra a escala do Sol (à esquerda) e a órbita de Mercúrio (à direita). O meio mostra todo o sistema solar com a órbita de Saturno (S) e várias órbitas elípticas de cometas (à esquerda), além do sistema da brilhante estrela Sirius (à direita). O pedaço de baixo mostra, da esquerda para a direita, as órbitas de Saturno, Júpiter, Marte, Terra, Vênus e Mercúrio, além do Sol.

Figura 5. Escalas do sistema solar

Figura superior esquerda: As órbitas dos planetas internos Mercúrio, Vênus, Terra e Marte, o cinturão de asteróides e a órbita de Júpiter.

Figura superior direita: A escala aumenta dez vezes para incluir as órbitas maiores de todos os planetas gigantes de gás, Júpiter, Saturno, Urano e Netuno, além da órbita elíptica de Plutão.

Figura inferior direita: Mais uma mudança na escala comprime as órbitas de todos os planetas no quadro em uma das extremidades da órbita altamente elíptica de um cometa.

Figura inferior esquerda: A escala aumenta de novo, e a órbita cometária está agora no quadrinho no centro, e temos a porção interna da nuvem de Oort de cometas.

Figura 6. Nuvem de Oort

Vista esquematizada mostra a vasta nuvem esférica, de talvez 1 trilhão de cometas, frouxamente ligados pela gravidade do Sol (centro). Ela foi nomeada em homenagem ao astrônomo holandês Jan Oort, que postulou corretamente a hipótese de sua existência em 1950.

Figura 7. Wright: outros sistemas

Wright imaginou que nosso sistema solar era apenas um entre infindáveis sistemas solares na Via Láctea, cada um talvez contendo uma estrela cercada por seu próprio conjunto de planetas e cometas.

Figura 8. Aglomerado estelar das Plêiades

As brilhantes estrelas desse aglomerado iluminam o pouco remanescente da nuvem interestelar a partir da qual elas se formaram. Este agrupamento estelar, um objeto visível a olho nu na constelação de Touro, tem cerca de treze anos-luz de extensão.

Figura 9. Nebulosa de Órion

Uma vasta nuvem de gás interestelar brilhante e poeira opaca, dando à luz dezenas de estrelas. A nebulosa tem cerca de quarenta anos-luz de extensão e está a 1.500 anos-luz de distância. Se se olhar para a constelação de Órion numa noite de inverno, essa maternidade estelar aparece na forma da "estrela" turva central da espada de Órion.

Figura 10. Nebulosa do Esquimó
Dez mil anos atrás, este halo de gás e poeira fazia parte da estrela central. A estrela, já velha, expeliu então suas camadas externas para o espaço, em explosões sucessivas, formando o que os astrônomos chamam de nebulosa planetária. Todos as estrelas comuns, como o Sol, terão um dia o mesmo destino.

Figura 11. Nebulosa do Véu
Estes filamentos brilhantes rastreiam uma porção dos remanescentes em expansão de uma supernova, uma estrela que explodiu há cerca de 5 mil anos, na constelação do Cisne.

Figura 12. Nuvem estelar de Sagitário
Região relativamente densa de estrelas antigas na direção do centro da galáxia da Via Láctea.

Figura 13. Galáxia de Andrômeda, M31
Esta grande galáxia espiral está a apenas 2 milhões de anos-luz de distância, o que faz dela a mais próxima da nossa Via Láctea. O disco giratório e achatado de estrelas tem cerca de 200 mil anos-luz de diâmetro e contém centenas de bilhões de sistemas solares.

Figura 14. Aglomerado de Hércules
A maioria dos objetos desta imagem são galáxias inteiras, como a nossa Via Láctea, cada qual com muitos bilhões de estrelas. Várias das galáxias do aglomerado de Hércules interagem entre si, e algumas delas colidem e se fundem. Esse rico aglomerado está a cerca de 650 milhões de anos-luz.

Figura 15. Vista panorâmica de Saturno

Um impressionante conjunto de anéis envolve o planeta Saturno, um gigante de gás, que projeta sua sombra neles. A divisão de Cassini é a fenda mais proeminente entre as várias fendas no sistema de anéis. Recebeu esse nome em homenagem ao astrônomo franco-italiano do século XVII Giovanni Domenico Cassini, que fez várias descobertas importantes sobre nosso sistema solar. A sonda homônima, que tirou esta foto, fez o mesmo.

Figura 16. Close dos anéis de Saturno

Nesta imagem à contraluz feita pela sonda *Cassini*, o Sol ilumina os anéis de Saturno por trás, revelando a bela estrutura dos múltiplos e finos anéis.

Figura 17. Nebulosa solar

Uma caótica nuvem de gás interestelar e poeira colapsa ao ser puxada por sua própria gravidade (a). A maior parte da massa vai para o centro, formando e acendendo o Sol, mas o giro residual da nuvem evita que ela colapse na mesma direção, o que resulta num disco chato e rotatório (b). As partículas do disco fundem-se e formam objetos maiores, e os maiores abrem faixas limpas no disco de fragmentos (c). Esse processo continua, e as partículas colidem e ficam cada vez maiores e mais escassas (d), e no fim deixam o sistema solar no formato que conhecemos (e).

Figura 18. Planetesimais

Neste estágio da formação de um sistema planetário, corpos do tamanho de asteróides orbitam e colidem em torno da estrela central.

Figura 19. Beta Pictoris

Esta imagem em falsa cor de 1997 mostra, visto de perfil, um disco de fragmentos em órbita em torno da estrela Beta Pictoris, que cerca de vinte anos antes disso tinha fornecido as primeiras evidências da formação de planetas em volta de uma estrela fora do nosso sistema solar. O telescópio bloqueou a luz direta da estrela para revelar a luz mais sutil refletida pelo disco. A fenda interna no disco sugere que planetas estão se formando ali. A maioria das estrelas jovens tem esse tipo de disco orbital.

Figura 20. Cometa Machholz
A longa atmosfera, ou coma, do cometa origina-se no Sol e afasta-se dele, formando caudas de poeira e gás ionizado.

Figura 21. Azeite e cometas
O astrônomo inglês William Huggins comparou os espectros do azeite de oliva e do etileno (gás oleificante) em forma de vapor com os espectros de dois cometas, que observou em 1868. E deduziu corretamente que os cometas contêm substâncias que possuem carbono.

Figura 22. Espectro do cometa Neat
A luz do cometa Neat (acima) é dividida em seu arco-íris constitutivo (embaixo), revelando a presença de moléculas diferentes em comprimentos de onda específicos (no meio).

Figura 23. Fim do mundo
Ilustração de R. Jerome Hill, publicada na *Harper's Weekly* de 14 de maio de 1910, mostrando o fatalismo romântico inspirado pela passagem do cometa Halley, "carregado de cianeto".

Figura 24. Jápeto
A superfície deste misterioso satélite de Saturno tem duas regiões distintas, uma gelada e bem clara e outra coberta por um material vermelho-escuro, de composição desconhecida. Essa dis-

tribuição bimodal de claridade é singular no sistema solar, assim como a cadeia em torno do equador do satélite.

Figura 25. Pequenas luas de Saturno

Os satélites mostrados aqui variam em extensão entre vinte e duzentos quilômetros. Eles não têm gravidade suficiente para determinar o formato esférico.

Figura 26. Anéis de Urano

Esta imagem em infravermelho, feita a um comprimento de onda de 2,2 mícrons, revela vários anéis distintos circulando o planeta. O ponto claro isolado é a lua chamada Miranda.

Figura 27. Fobos

Esta curiosa lua interna de Marte, que parece uma batata cheia de crateras, tem diâmetro médio de 22 quilômetros e um período orbital de cerca de oito horas.

Figura 28. Deimos

A lua mais externa de Marte tem diâmetro médio de treze quilômetros e período orbital de trinta horas.

Figura 29. A superfície de Marte pela *Viking 1*

Vista da sonda *Viking 1* na superfície de Marte, em 1977, mostra um cenário rochoso e céu avermelhado. O módulo de aterragem, em primeiro plano, está com o braço meteorológico estendido.

Figura 30. Disco de Titã

A maior lua de Saturno, com suas características intrigantes, fotografada pela sonda orbital *Cassini*, em 2005.

Figura 31. Costa de Titã

Montanhas geladas com rios secos e o que parece ser a linha costeira de um mar desaparecido, fotografados pela sonda *Huygens* a uma altitude de cerca de dez quilômetros, em 2005.

Figura 32. Estrelas de Sagitário

O telescópio espacial Spitzer observando a constelação de Sagitário. Sua câmera infravermelha conseguiu penetrar as obscuras cortinas de gás e poeira para uma emocionante vista do centro movimentado da galáxia da Via Láctea.

Figura 33. Espectro do SETI

Gráfico do ruído de fundo natural de rádio num amplo espectro de freqüências. Nas freqüências mais baixas (à esquerda), partículas carregadas de nossa galáxia emitem um ruído cada vez maior. Nas freqüências mais altas (à direita), aumenta o ruído quântico intrínseco a qualquer receptor de rádio. Entre eles há uma "janela" relativamente silenciosa, onde o hidrogênio interestelar (H) e a hidroxila (OH) emitem radioenergia a freqüências discretas. O gráfico não inclui emissões de rádio de moléculas na atmosfera da Terra.

Figura 34. Sinal simulado do SETI

A busca por inteligência extraterrestre inclui o monitoramento de estrelas em várias freqüências de rádio de uma só vez, ao longo do tempo. Uma detecção bem-sucedida pode se parecer com esse sinal, que na verdade veio da sonda *Pioneer 10*, que está fora do sistema solar. A direção da freqüência ao longo do tempo mostra que a fonte do sinal não está em rotação com a Terra, mas tem origem externa.

Figura 35. Registro do Cretáceo-Terciário nas rochas de Gubbio

As evidências do fato que causou a extinção dos dinossauros há 65 milhões de ano foram descobertas nesta seqüência de estratos sedimentares de Gubbio, no norte da Itália. As camadas claras de pedra calcária no lado inferior direito foram depositadas no Cretáceo, quando os dinossauros dominavam a Terra. As camadas calcárias mais escuras da parte superior esquerda são do período Terciário subseqüente, quando já tinham sido extintos. No meio, a camada diagonal de argila preta contém a chuva de escombros rica em irídio, encontrada no mundo todo, emitida pela cratera escavada pela colisão de um asteróide ou cometa. Essa camada é encontrada em todos os lugares da Terra em que estão expostas rochas daquela época. A beirada de uma moeda aparece no alto da figura com o objetivo de servir de escala.

Figura 36. Impacto do Cretáceo-Terciário

Don Davis, um dos maiores pintores da arte que tem a ciência como base, transporta-nos ao pânico do último segundo da era dos dinossauros. Um asteróide ou cometa de cerca de dez quilômetros de diâmetro mergulhou no raso oceano perto de onde hoje fica Yucatán, no México, deflagrando incêndios globais e produzindo densa nuvem de fumaça e poeira que obscureceu e congelou a superfície da Terra.

Créditos das imagens

Frontispício	NASA, ESA, S. Beckwith (STSCI) e equipe HUDF
Figura 1	T. A. Rector e B. A. Wolpa, NOAO, AURA
Figura 2	Equipe FORS, 8,2 metros VLT, ESO
Figura 3	NASA
Figura 4	Thomas Wright, 1750, *An original theory or new hypothesis of the universe*
Figura 5	NASA/JPL-Caltech/ R. Hurt (SSC-Caltech)
Figura 6	© 1999 by Calvin Hamilton
Figura 7	Thomaz Wright, 1750, *An original theory or new hypothesis of the universe*
Figura 8	© Matthew T. Russel
Figura 9	© Stefan Seip
Figura 10	Andrew Fruchter (STSCI) e outros, WFPC2, HST, NASA
Figura 11	© Steve Mandel, Hidden Valeey Observatory
Figura 12	Equipe Hubble Heritage (AURA/ STSCI/ NASA)
Figura 13	© Robert Gendler
Figura 14	© Jim Misti (Misti Mountain Observatory)
Figura 15	Equipe de imagens Cassini, SSI, JPL, ESA, NASA

Figura 16	Equipe de imagens Cassini, SSI, JPL, ESA, NASA
Figura 17	Portfólio Tasa, v. 1, © 2002 by Tasa Graphic Arts, Inc., cortesia de Dennis Tasa
Figura 18	NASA/ JPL-Caltech/ T. Pyle (SSC)
Figura 19	J.-L. Beuzit e outros (Grenoble Observatório), ESO
Figura 20	Adam Block (NOAO), AURA, NSF
Figura 21	Philosophical Transactions Royal Society of London, v. 168
Figura 22	Observatório astronômico Gunma, 6860-86 Nakayama Takayama-mura Agatsuma-gun Gunma-ken, Japão
Figura 23	*Harper's Weekly*, 14 de maio de 1910
Figura 24	Equipe de imagens Cassini, SSI, JPL, ESA, NASA
Figura 25	*Voyager 1* NASA
Figura 26	Heidi Hammel, Sapace Science Institute, Boulder, CO/ Imke de Pater, University of California, Berkley/ W. M. Keck Observatory
Figura 27	Projeto *Viking*, JPL, NASA; imagem de Edwin V. Bell II (NSSDC/ Raytheon ITSS)
Figura 28	Projeto Viking, JPL, NASA
Figura 29	*Viking 1*, NASA, imagem 77-HC-62
Figura 30	NASA/ JPL/ Space Science Institute
Figura 31	ESA/ NASA/ JPL/ University of Arizona
Figura 32	Susan Stolovy (SSC/Caltech) e outros, JPL-Caltech, NASA
Figura 33	Steven Soter, adaptado de Barney Oliver
Figura 34	Steven Soter
Figura 35	Walter Alvarez, University of California, Berkley
Figura 36	Don Davis (NASA)

Índice remissivo

Os números de página em itálico referem-se a ilustrações

ácidos nucléicos, 87, 88, 118
Adams, John, 124
Adamski, George, 152, 153
adrenalina, 200, 201
África do Sul, 190, 205
agressão, 231, 242, 276
água, 56, 76, 80, 96, 98, 100, 115, 116, 118, 121, 127, 268
alucinógenos, 191
aminoácidos, 95, 118, 119, 120, 121, 252
amônia, 95, 118
amor, 9, 11, 15, 51, 204, 227, 232, 252
animismo, 53, 194
anjos, 83, 84, 123, 161
Anselmo, santo, 180
Antigo Testamento, 163, 170, 273
apartheid da África do Sul, 190, 206

apocalípticas, visões do futuro, 235
argumento ontológico, 180, 183
argumentos para a existência de Deus *ver* provas da existência de Deus
Aristóteles: comunicação unilateral com, 135; Demócrito comparado com, 241; sobre a causa primordial, 175, 178; sobre a escravidão, 236; sobre Deus como entidade que não se importa com os seres humanos, 169; sobre o movimento planetário, 55, 56; sobre o primeiro motor, 84; sobre que nada muda no céu, 58
astronautas, antigos, 146, 149, 155, 249
ateísmo, 168, 170, 247
átomos, estabilidade dos, 76, 77
atração gravitacional, 74

autoridade, 167

azeite de oliva, 92

baleias, 74, 124, 133

Barrow, J. D., 77

Beta Pictoris, 73

Brahe, Tycho, 58

Bronowski, Jacob, 148

Brooke, Rupert, 79

Brorsen, cometa, 92

budismo, 180

Burroughs, Edgar Rice, 127

caçadores-coletores, 171, 190, 209, 231

caduceu, 187

canais de Marte, 126, 127, 141

Carlyle, Thomas, 22

Cassiopéia, explosão da supernova, 58

catástrofe do Cretáceo-Terciário, 222

causa primordial, 175

causalidade, 84, 175

ceticismo, 128, 155, 161, 248

"Céu" (Brooke), 79

chuva radioativa, 221, 267

cianeto de hidrogênio, 96, 112, 118

ciência: avanços que deixam menos espaço para Deus, 84; como adoração informada, 51; diferença fundamental entre religião e, 248; do Antigo Testamento, 273; e democracia, 11; impulsos contraditórios na, 264; inter-relações buscadas pela, 22; metodologia de correção de erros, 248; possibilidade da comprovação da existência de Deus pela, 240; projeção de sentimentos humanos na, 53, 54, 55, 56, 79; questionamento dos "porquês" evitado pela, 248; separação entre religião e, 264; teologia natural como

área limítrofe entre religião e, 17; *ver também* física

cientismo, 11

civilizações tecnológicas: distância até a mais próxima, 129, 134; número na galáxia da Via Láctea, 129, 130, 131, 132, 133, 134; proporção de seres inteligentes desenvolvidos por, 133; tempo de vida das, 130, 134

Clarion, religião de, 159, 161, 162

Clarke, Arthur, 143

cometas: Brorsen, 92, *93*; causa da orientação aleatória dos, 67, 68; cometa de 1577, 58; estudo espectroscópico dos, 91; Halley, 96; Machholz, *90*; moléculas orgânicas nos, 92, *93*, 95, 96; Neat, *94*; Newton sobre as órbitas dos, 63; nuvem de Oort, 28, *30*, 31; Winnecke II, 92

compaixão e piedade, 168, 178, 179, 232, 233

comunicação, avanços na, 211

condensação das moléculas do ar, 98

conformismo social, 203

consciência, argumento da, 181, 182

constante de acoplamento da força nuclear forte, 76, 77

contracepção, 202

conversão religiosa, 172

Copérnico, Nicolau, 53, 56, 57, 58, 61, 63, 83

cosmológico, argumento, 174

crença, 21, 51, 58, 128, 156, 161, 172, 177, 205, 207, 233, 257

criacionismo, 59, 266

crimes contra a Criação, 222

cristianismo: aparições da Virgem Maria, 172; como ateísmo para os romanos, 168; e a guerra nuclear, 225, 226, 227; fundamentalismo,

294

225, 266; historicidade de Jesus, 253; tradição judaico-cristã-islâmica, 168, 176, 195, 273

da Vinci, Leonardo, 167

Darwin, Charles, 59, 62, 121, 178, 195

decimal, sistema, 141

Deimos, 108, *109*, 111

democracia, 193, 274

Demócrito, 194, 241

design, argumento do, 61, 178, 183, 248

deslumbramento, 21-51; Carlyle sobre adoração e, 22

Deus/deuses: animismo, 53, 54, 194; avanços científicos deixam menos espaço para, 84; como amor, 252; como pai, 197; como sobrenatural, 169; como soma de todas as leis da física, 169, 170, 240, 256; concepção judaico-cristã-islâmica de, 168; concepções de, 168, 169, 170, 171, 172, 173, 174, 175, 240; conhecimento da natureza e conhecimento de, 10; curiosidade e inteligência fornecidas por, 51; das Lacunas, 84; imortalidade atribuída a, 49; intervenção em questões humanas, 168, 185, 273; movimento dos planetas atribuído a, 83, 84; preces a, 194, 195; problema do mal, 183; promovendo o bem-estar da criação, 49; seres humanos feitos à imagem e semelhança de, 142; visão ocidental ingênua de, 169, 240; visto como pequeno demais, 48, 50; *ver também* provas da existência de Deus

diabo, advogado do, 157

Dilúvio, 167

dimensão espiritual da vida, 261, 262, 263

dinossauros, 132, 141, 216, 218

direito divino dos reis, 235, 236

discos voadores *ver* objetos voadores não-identificados (óvnis)

Dostoiévski, Fiódor, 198, 203

Drake, equação de, 129, 243

Drake, Frank, 129, 244

Druyan, Ann, 49

efeito estufa, 78

Einstein, Albert, 22, 54, 60, 169, 240, 256, 257, 273, 276

Emery, Lillie, 122

emoções: efeitos de substâncias químicas sobre as, 198, 199, 200, 201, 202, 203; intelecto como árbitro entre emoções conflitantes, 276; predisposições de formação prévia, 189; projeção dos sentimentos humanos sobre a ciência, 53, 54, 55, 56, 79

encefalinas, 200, 202

endorfinas, 200, 202

enzimas, 87, 88, 119, 120, 121

Epicuro, 184

Eram os deuses astronautas? (Von Däniken), 146

escravidão, 236

escrita automática, 159, 160, 161

espectroscopia, 91

Esquimó, nebulosa do, *38*

estrelas: aglomerado de Hércules, *46*, 47; anãs vermelhas, 76; estágios tardios da evolução das, 40, 48; explosão de supernovas, 40, *41*, 48, 58; moribundas, *38*, 39; na equação de Drake, 130; no sistema de Copérnico, 57; número das que

têm sistemas planetários, 131; número de, 32, 47; *ver também* Sol
evolução: argumento do design e a, 62; Gênese e a, 10; provas da, 85, 86; seleção natural, 62, 70, 78, 88, 121, 179, 181, 260, 276; singularidade humana desmentida pela, 59, 85; tempo necessário para a vida inteligente, 74
experiência: argumento da, 182; religiosa, 182, 202, 203
experimentos, 62, 112, 118, 120, 121, 141, 204, 263
exploração do espaço, 212
extinção, 86, 132, 141, 195, 214, 218, 222

Festinger, Leon, 158, 161
física: Deus visto como soma das leis da, 169, 170, 240, 256; diferença fundamental entre religião e, 248; leis que se aplicam a todo lugar, 143, 247; mecânica quântica, 54, 143, 169, 240, 256; newtoniana, 63; projeção dos sentimentos humanos na, 53, 54, 79; relatividade, 54, 60; Segunda Lei da Termodinâmica, 177, 178
Fobos, *106*, 107, 108, 111
fósseis, registros, 59, 85, 86, 118, 119, 214
Frazer, sir James, 194
freqüências de rádio, 136
Freud, Sigmund, 197, 198, 263

galáxias: busca de vida em outras, 244; número de, 47; *ver também* Via Láctea, galáxia da
Galileu, 57
Galton, sir Francis, 195
Gênese, 186
golfinhos, 74, 124, 133

gravitação newtoniana, 74, 143, 240
Gubbio (Itália), 214
Guerra nas Estrelas (Iniciativa de Defesa Estratégica), 269, 270
guerra nuclear, 218, 219, 221, 223, 225, 226, 236, 267, 268, 272, 275, 276

Haldane, 118
Halley, cometa, 96
Hamurabi, código de, 205
Harvard, Universidade, 136, 156, 157
Heródoto, 147, 192
Heyerdahl, Thor, 148
hierarquia de dominação, 193, 198, 203
Hillel, rabino, 226
hinduísmo, 176
Hiroshima, 218, 219
história, reescrevendo a, 163, 253
Hobbes, Thomas, 231, 235
hormônios, 84, 202
hormônios sexuais, 202
Hoyle, Fred, 121
Hubble, Edwin, 74
Hubble, telescópio espacial, 177
Huggins, sir William, 89, 91, 92, 96
Hume, David, 155, 156, 164
Huxley, Aldous, 202

Ilha de Páscoa, 148
imortalidade, 49
inteligência: como árbitro entre emoções conflitantes, 276; na equação de Drake, 130, 132, 133, 134; no sucesso dos seres humanos, 229, 230; tempo necessário para a evolução da, 74; vantagem seletiva da, 132
inteligência extraterrestre, 60, 124, 128, 129, 134, 136, 143, 145, 254; abordagens à, 128; alcance da televisão e

296

de radares, 245; astronautas, antigos, 128, 146, 147, 148, 149; busca necessária para encontrar a, 239; canais de Marte atribuídos a, 125, 126, 127, 128; em outras galáxias, 244; equação de Drake, 129, 130, 131, 132, 133, 134, 243, 244; folclore sobre visitas da, 145-64; objetos voadores não-identificados, 149-61; por que não deixou óbvia sua existência, 254, 255; seres humanos lidando com a descoberta da, 242; SETI, 136; singularidade humana ameaçada pela, 60; *ver também* inteligência extraterrestre
interestelar, vôo, 146
inverno nuclear, 221
irídio, 216
Islã, 50, 168, 195, 273

James, William, 14
Jápeto, 100, *101*, 103
Jeans, sir James, 259
Jesus Cristo, 158, 159, 160, 226, 247, 253
jivaro, povo, 192
judaico-cristã-islâmica, tradição, 168, 176, 195, 273
Júpiter, 26, 28, 83, 99

Kant, Immanuel, 64, 67, 179
!kung, povo, 190

Laplace, Pierre-Simon, marquês de, 64, 67, 207
Lecompte du Noüy, Pierre, 119
lei do inverso do quadrado, 74, 75
Leibniz, Gottfried Wilhelm, 15, 16
levitação, 163
livre-arbítrio, 254, 255

Lowell, Percival, 125, 126, 127, 128
Lua, 55, 58, 63, 77, 99, 118, 151, 187, 194, 211, 212, 213, 237
luz, velocidade da, 54, 135, 211, 242, 245

M31, galáxia, 44, *45*
macacos, 60, 184
Machholz, cometa, *90*
mal, o problema do, 183, 184
maníaco-depressiva, síndrome, 199
Marte: canais de, 125, 126, 127, 128; como adequado à origem da vida, 131; como desprovido de vida, 213; Deimos, 108, *109*; exploração de, 212, 213; Fobos, *106*, 107; moléculas orgânicas raras em, 111; na descrição de Wright do sistema solar, 26, *27*
Maxwell, James Clerk, 64, 186
mecânica quântica, 54, 143, 169, 240, 256
medicina, 211
mediocridade, princípio da, 61
Mercúrio, 26, 40, 63, 77, 98, 99, 212
mescal, 182
metano, 98, 99, 115, 118
meteoritos carbonáceos, 100
microintervenção, 84, 184, 273
milagres, 155, 156, 157, 164, 246, 247, 268
moléculas orgânicas: em cometas, 92, *93*, *94*, 95, 96; extraterrestres, 89-116; interestelares, 115, 116; no sistema solar distante, 99-114; nos primórdios da Terra, 118; origem biológica das moléculas orgânicas terrestres, 88; probabilidade de produzir as primeiras, 120
moralidade: argumento moral para a existência de Deus, 179, 180; re-

ligião e coragem moral, 224; religião endossando a moralidade convencional, 205, 206

mormonismo, 163

mortalidade infantil, 211

mudança, tradição e, 209, 210, 211, 212

Nagasaki, 218, 219

Nagel, Ernest, 180

não-violência política, 227

natureza: conhecimento de Deus e conhecimento da, 10; Deus visto como a soma de todas as leis da, 169, 170, 240, 256; e deslumbramento, 21-51; princípio antrópico e leis da, 73, 74, 75, 77, 78; religião como desencorajadora do entendimento da, 234

Nazca, planalto de, 148

Neat, cometa, 94

nebulosa: da Águia, 23; de Órion, 37; do Caranguejo, 23; do Esquimó, 38; do Véu, 40, 41; solar, 67, 68, 69, 73, 98, 116, 131

nebulosas, 36, 67, 116

Netuno, 28, 78, 99

Newton, Isaac, 62, 63, 64, 68, 237, 240, 247, 248

Nossa Senhora que chora, 157

números primos, 140

objetos voadores não-identificados (óvnis): "pós-conceito" nas alegações de, 155; coisas confundidas com, 151; como abordagem à inteligência extraterrestre, 128; experiência religiosa comparada com, 182; falta de evidências físicas para, 153; fotos de, 152; fraudes, 152; mitologia padrão dos, 150; na

religião de Clarion, 159, 160, 161; seres humanos levados a bordo de, 153; silo tomado por, 155

onipotência, 178, 255

onisciência, 178

Oort, nuvem de, 28, 31

organizações internacionais, 231

Órion, nebulosa de, 37

Osiander, Andreas, 56

Paine, Thomas, 50, 156

Peru, 148

pirâmides do Egito, 147

pirotoxinas, 221

planetas (mundos): Aristóteles sobre o movimento dos, 55, 56; Copérnico sobre o movimento dos, 56, 57, 83; Demócrito sobre a composição dos, 241; evolução dos, 48; lei do inverso do quadrado e órbitas dos, 74; na equação de Drake, 130, 131; nebulosa solar na formação dos, 67, 68, 69, 71, 72; Newton sobre o movimento dos, 62, 63, 84; número total no universo, 31; *ver também* Terra; Marte; Saturno; *e outros pelo nome*

plano zodiacal, 63

Plêiades, 34, 35

Plutarco, 21

prece, 168, 195, 196, 273

Prescott, James, 192

primeiro motor, 84

princípio antrópico, 62, 73, 77, 79, 178, 248

privilégio, 55, 60

problema do mal, 183, 184

propiciação, 195

Protágoras, 188

proteínas, 88, 118, 200, 252

provas da existência de Deus: argumento cosmológico, 174, 175, 176, 178; argumento da consciência, 181, 182; argumento da experiência, 182; argumento da interação (de Jeans), 259, 260; argumento do design, 61, 178, 179; argumento moral, 179, 180; argumento ontológico, 180; como pouco convincentes, 183, 185; comparadas com outras provas da existência, 59, 257; de Udayana, 173, 174; deduzidas da probabilidade de produzir moléculas orgânicas, 120, 121; Deus deixando evidências claras de Sua existência, 185, 186, 187, 250, 251, 252, 253, 254, 255; inexistência de novas provas em séculos, 248; ônus da prova nas, 257, 258; possível descoberta pela ciência de, 240; princípio antrópico, 62, 73, 74, 75, 77, 78, 178, 248

quasares, 48, 170
quatro elementos, 56
quatro essências, 56
quintessência, 56

radar, 245
rádio, comunicação por, 135, 136, 137, 139, 140
rádio, freqüências de, 136
radiotelescópios, 133, 239
reescrevendo a história, 163, 253
Regra de Ouro, 226
relatividade, 54, 60, 251
religião: adaptando as crenças ao futuro, 273; como geocêntrica, 50; conformismo social incentivado pela, 203, 204; contentando as pessoas com o que lhes cabe, 204, 205; conversão, 172, 173; crença em face de fatos contraditórios, 160, 161, 162, 163, 164; cultura como determinante da crença, 172; definição de James para, 14; diferença fundamental entre ciência e, 247, 248; e guerra nuclear, 223, 224, 225, 226, 227; escala do universo ignorada pela, 47; etimologia da palavra, 22; função inicial e origens da, 194, 195, 196, 197, 198; incoerência entre religiões diferentes, 170, 171; inteligência extraterrestre e, 142, 143; inter-relações buscadas pela, 21, 22; milagres, 155, 156, 157, 164, 195, 268; moralidade convencional endossada pela, 205, 206; não-incentivo à compreensão da natureza, 234; restrição do comportamento humano pela, 241, 242; sentido proporcionado pela, 243; separação entre ciência e, 11, 12, 264; temor na, 22; teologia natural como área limítrofe entre ciência e, 17; ver também Deus/deuses
revelação, 167, 172, 187, 252
Russell, Bertrand, 180, 207, 265, 266

sacrifício: animal, 195; humano, 171, 194, 195
Sagitário, 42, 43, 116
sagrado, 11
Saturno: anéis de, 64, 65, 66, 67; Jápeto, 100, 101; metano em, 98; na descrição de Wright do sistema solar, 26, 27; pequenas luas de, 102, 103; Titã, 112, 113, 115, 116, 118, 131, 214
Schiaparelli, Giovanni, 125, 126

Segunda Lei da Termodinâmica, 177, 178
seleção natural, 62, 70, 78, 88, 121, 179, 181, 201, 260, 276
sentido da vida, a busca humana pelo, 229, 230, 231, 232, 233, 234, 235, 236, 237
seres humanos: aspectos instintivos dos, 59; busca por um sentido para a vida dos, 229, 230, 231, 232, 233, 234, 235, 236, 237; caçadores-coletores, 171, 190, 209, 231; como pequenos e mortais na religião ocidental, 49; crescimento populacional dos, 230; dependência de espécies não-humanas, 223; dimensão espiritual atribuída aos, 261, 262, 263; efeitos das substâncias químicas sobre as emoções, 198, 199, 200, 201, 202, 203; evolução desmentindo a singularidade dos, 59, 85; extraterrestres concebidos como semelhantes aos, 141; feitos à imagem de Deus, 142; guerra nuclear, 218, 219, 220, 221, 222, 223, 224, 225, 226, 227, 267; hierarquias de dominação nos, 192, 193; inteligência no sucesso dos, 229, 230; no ponto zero de nossa história, 230, 276; predisposições emocionais formadas cedo, 189; princípio antrópico, 73, 74, 75, 77, 78; princípios contrastantes nos, 275; relatividade desmentindo posição privilegiada dos, 60; similaridade bioquímica com outros organismos, 86
seres sobrenaturais: anjos, 83, 84, 123, 161; Tillich sobre Deus como, 169; ver também Deus/deuses

seti, 136
sílica, 98
síndrome da fuga ou da luta, 201
sistema solar: como desprovido de vida, exceto pela Terra, 213, 214; Copérnico sobre o movimento planetário, 83; descrição feita por Wright do, 26, 27; descrições modernas do, 28, 29; exploração do, 212, 213; lei do inverso do quadrado e órbitas planetárias, 74; localização na galáxia da Via Láctea, 44, 57; nebulosa solar na formação do, 67, 68, 69, 71, 72, 98; Newton sobre a ordem dentro do, 62, 63, 84; tamanhos relativos dos objetos do, 24, 25; transformação do Sol em estrela gigante vermelha, 40; ver também cometas; Terra; Marte; Saturno; e outros planetas pelo nome
Sociedade Planetária, 136, 138
Sol: como estrela típica, 43; localização na galáxia da Via Láctea, 44, 57; na descrição feita por Wright do sistema solar, 26, 27; nas descrições modernas do sistema solar, 28, 29; transformando-se em estrela gigante vermelha, 40; ver também sistema solar
Spinoza, Baruch, 169, 240
submissão, 203
Sudário, 246, 247
supernova, 40, 58
superstição, 21

Tales, 53
teleologia, 77
televisão, 140, 245, 269
temor, 22, 203, 242
Tennyson, lorde Alfred, 49

300

teologia natural, 167, 170, 173

Terra: Aristóteles sobre o movimento da, 55, 56; artificialidade das fronteiras nacionais, 228; Copérnico rebaixando o status da, 56, 57; em descrições modernas do sistema solar, 28, *29*; idade da, 59, 62, 118; na descrição feita por Wright do sistema solar, 26, *27*; origem da vida na, 116, 117, 118, 119, 120, 121; quando o Sol se transforma em estrela gigante vermelha, 40; religião geocentrista, 50; tamanhos relativos dos planetas, *24*, 25; vista do espaço, 227; Wright sobre a insignificância da, 47

testosterona, 201

Textor, Robert, 192

Tillich, Paul, 169

Titã, 112, *113*, *114*, 115, 116, 118, 131, 214

Tolstói, Liév, 229

Tomás de Aquino, santo, 56, 175

tradição, mudança e, 209, 210, 211, 212

transporte, avanços no, 211

Triângulo das Bermudas, 249

trilobitas, 86

Trótski, 163, 253

Turgenev, Ivan, 195

Udayana, 173, 174

unidade astronômica, 28

universo, 9-12, 16, 22, 28, 47-51, 53-58, 60, 62, 73-9, 83-4, 89, 120, 123, 128, 136, 143, 168-70, 174-8, 185, 187, 197, 229, 233-4, 237, 240-1, 243, 245-9, 254, 256, 260, 268-9, 273-4

universos alternativos, 78

varíola, 236

vários universos, idéia dos, 78

verdade: conflito entre diferentes concepções da, 233; reconhecimento da, 246

Via Láctea, galáxia da: concepção de Wright para a, 32; Demócrito sobre a composição da, 241; distância para a civilização tecnológica mais próxima, 129, 170; explosões no centro da, 48; localização do Sol na, 44, 57; M31 como semelhante à, 44, *45*; número de civilizações tecnológicas na, 129, 130, 131, 132, 133, 134; número de estrelas na, 32, 43, 130; tempo de vida da, 130; *ver também* sistema solar

vida: apenas um tipo de, 86; como improvável, 213, 214; extinção, 86, 132, 214, 215, 216, 217, 218, 222, 267; fonte de moléculas orgânicas para a, 87, 88, 90, 92, 93, *94*, 96, *97*, 98, 100, 101, *102*, 103, 104, 105, *106*, 107, 108, 109, 110, 111, 112, 113, 114, 116; número de planetas adequado à origem da, 131; origem da vida terrestre, 116, 117, 118, 119, 120, 121; princípio antrópico e existência da, 73, 74, 75, 77, 78; probabilidade da origem espontânea da, 121; registro fóssil, 59, 85, 86, 118, 214; visão científica predominante sobre a origem da, 234; *ver também* evolução; seres humanos; inteligência

Virgem Maria, aparições da, 172

von Däniken, Erich, 146, 147, 148, 149, 174

vôo interestelar, 146

Welles, Orson, 127
Wells, H. G., 127
When prophecy fails (Festinger), 158
Wickramasinghe, N. C., 121
Winnecke II, cometa, 92
Wright, irmãos, 122
Wright, Thomas, 26, 32, 47

xenofobia, 242

Young, Edward, 48

zodíaco *ver* plano zodiacal

1ª EDIÇÃO [2008] 8 reimpressões

ESTA OBRA FOI COMPOSTA EM MINION POR OSMANE GARCIA FILHO E
IMPRESSA PELA GEOGRÁFICA EM OFSETE SOBRE PAPEL PÓLEN BOLD DA
SUZANO S.A. PARA A EDITORA SCHWARCZ EM AGOSTO DE 2021

A marca FSC® é a garantia de que a madeira utilizada na fabricação do papel deste livro provém de florestas que foram gerenciadas de maneira ambientalmente correta, socialmente justa e economicamente viável, além de outras fontes de origem controlada.